U0249621

岩溶流域水文响应规律
及水文模型

陈立华　陈　航　杨文哲　姜光辉　著

科学出版社

北　京

内 容 简 介

本书在简要介绍岩溶水文地质特征、水循环规律的基础上，基于野外试验及原位监测，开展岩溶流域降雨径流响应规律的研究；基于多年水文气象数据资料收集，揭示岩溶流域径流长期变化对环境因子和人类活动的响应规律；针对岩溶含水系统中基质和管道的双重介质结构，考虑地下径流在不同含水介质的流速差异，量化地下水划分系数和表层岩溶带的调蓄能力；对比分析已有传统岩溶水文模型的结构特点及优缺点，针对性地提出考虑表层岩溶带的概念性岩溶水文模型及考虑下垫面条件的分布式岩溶水文模型，实现在郁江、刁江等岩溶流域水文预报的推广应用。

本书可供水利工程等学科研究人员及高等院校水文水资源、地下水科学与工程和水利水电工程等相关专业的师生参考。

审图号：桂 S（2024）37 号

图书在版编目（CIP）数据

岩溶流域水文响应规律及水文模型 / 陈立华等著. -- 北京：科学出版社, 2024. 10. -- ISBN 978-7-03-079401-7

Ⅰ. P641.134

中国国家版本馆 CIP 数据核字第 20246CH897 号

责任编辑：郭勇斌 邓新平 常诗尧 / 责任校对：张亚丹
责任印制：徐晓晨 / 封面设计：义和文创

科学出版社 出版
北京东黄城根北街 16 号
邮政编码：100717
http://www.sciencep.com
北京建宏印刷有限公司印刷
科学出版社发行 各地新华书店经销

*

2024 年 10 月第 一 版 开本：720×1000 1/16
2024 年 10 月第一次印刷 印张：12 1/4
字数：246 000

定价：138.00 元
（如有印装质量问题，我社负责调换）

前　言

我国岩溶面积为 344 万 km²，约占国土面积的 1/3，其中西南岩溶区面积约 54 万 km²。岩溶流域含水系统内基质与管道等介质产汇流过程复杂，岩溶大孔隙、落水洞、地下河等特殊空间分布异质性突出，岩溶流域洪水灾害频发，洪水过程难预报。表层岩溶带是岩溶区水文循环过程中的主要含水介质，对降雨及地下水具有调蓄作用，决定了降雨径流过程响应关系。岩溶流域水文过程与非岩溶流域有较大差异，水循环过程机理尚不明确。目前已有的水文模型缺乏考虑表层岩溶带的调蓄作用及与岩溶发育程度等下垫面属性相适应的产流和分水源的计算方法，难以有效刻画岩溶流域空间异质性对水文过程的影响。

西江承载着珠江-西江经济带、粤港澳大湾区等水安全保障任务，围绕《国家水网建设规划纲要》《粤港澳大湾区发展规划纲要》《"十四五"水安全保障规划》等国家战略相关部署，水利部确定广西壮族自治区、广东省等 7 个省（自治区）作为第一批省级水网先导区以加快构建国家水网。在全球气候变暖背景下，突破历史观测记录的暴雨洪涝等极端气象水文事件呈现增长趋势，针对国家水网建设和西南岩溶区洪水预警预报的现实需求，开展岩溶流域降雨径流响应机理研究，研发岩溶流域洪水预报新方法，提升广西岩溶区的洪水预报精度，为岩溶区洪水灾害防御工作提供了科学技术支撑。

本书针对上述岩溶水循环规律不明、洪水形成机理不清的难点，以西南地区典型岩溶流域为研究对象，通过"原位监测、揭示机理、研发模型、应用实践"开展技术研究，揭示岩溶流域降雨径流响应规律，定量表征表层岩溶带调蓄能力，确定岩溶流域径流成分划分方法。设计针对岩溶流域下垫面属性的自适应栅格产汇流计算方法，研发分布式新安江岩溶水文模型，识别土地利用类型、岩溶发育程度等下垫面属性对岩溶水文过程的影响，揭示模型参数规律以支撑该模型的推广应用。

本书是团队长期扎根八桂大地开展岩溶流域水文过程研究的成果的阶段性总结，得到了国家自然科学基金项目（52179010、52069002、52209010）和水利部重大科技项目（SKR-2022038）的资助和支持。全体著者为本书的编写付出了辛勤的努力，在此表示衷心感谢！本书由陈立华、陈航、杨文哲、姜光辉共同编写，全书由陈航统稿，陈立华修改。同时感谢杨开鹏、郭光华、魏传健、冯世伟、黄都熠、邓芳芳、陈旭、邓婕等多位博士和硕士研究生在本书编写过程中做出的重要贡献。在开展研究及出版过程中，得到了广西壮族自治区水文中心、水利部珠江水利委员会水文局、南宁水文中心、河池水文中心、崇左水文中心、桂林水文中心、百色水文中心、广西壮族自治区自然资源厅、科学出版社等单位的大力支持，特此致谢！

　　由于作者水平有限，本书所涉及的参考、引用资料较多，书中难免有疏漏和不妥之处，敬请有关学者及广大读者批评指正。

目　　录

第1章　西南典型岩溶流域概况

1.1　引　　言

全球范围内岩溶面积约占陆地面积的 7%～12%，四分之一左右的人口完全或部分依赖岩溶含水层提供的饮用水[1]。我国岩溶地区分布面积达 344 万 km²，约占国土面积的 1/3，其中 54 万 km² 左右的连片岩溶地区集中分布在以贵州为中心的西南地区[2]。在亚热带地区岩溶地貌扩张的背景下，受人类长期高强度活动的干扰，土壤侵蚀、基岩暴露和生产力直线下降等土地退化现象，即石漠化现象[3, 4] 愈发严重。石漠化诱发了一系列生态问题的出现，如土壤持水能力降低、表土植被可用水量减少、降雨径流暴涨暴落、雨季洪灾频发及旱季断流无水等，这使得水土流失加剧并造成水资源开发利用难度加大[5]。因此水资源短缺及洪涝灾害是我国西南岩溶流域可持续发展所面临的主要水问题，严重制约了当地经济发展及乡村振兴战略的实施。

岩溶流域主要由碳酸盐岩发育而来，在碳酸盐岩不断溶蚀的过程中，形成了裂隙、管道、溶洞、地下河、天窗等岩溶地貌，并造成降雨径流过程响应差异[6, 7]。岩溶流域内裂隙和洞穴蜿蜒曲折，多种含水介质的强烈非均质性形成了岩溶含水系统独特的二元性水文过程，如补给来源和入渗方式的二元性、地下径流的二元性、排泄方式的二元性等。由此构成的岩溶含水系统是一个不断演变的、复杂的动态系统，大气降水、地表水、土壤水之间的水力联系和水量交换过程都很复杂。岩溶流域河网密度大、水系多，暴雨常诱发洪灾。洪水通常由上游干流与多支流雨水叠加，且沿程区间流量不断加入，经河槽及水利工程调蓄后组合形成，具有突发性大、涨率大、历时短、变化快、洪峰陡涨等特点。因此，揭示岩溶流域水循环过程与降雨径流响应规律是探索和维系岩溶流域生态系统稳定性的重要途径。

1.2　岩溶流域水文地质特征

水流对可溶性碳酸盐岩的侵蚀是岩溶的起因，并贯穿其发展过程。岩溶水沿着基岩初始孔隙、裂隙渗流，并对碳酸盐岩产生化学溶蚀，水流速度缓慢。随着溶蚀作用不断进行，水流通道不断扩大，在优势水流作用下形成溶隙-管道。

当管道宽度达到 10cm 以上时，水流由层流转为紊流，水流能量足以携带泥沙流动，在泥沙水流的冲蚀下，溶隙和管道的宽度进一步扩大。当管道、溶隙宽度扩大到数米至数十米时，水流高度集中，流速加大，水流冲刷力使管道围岩受侵蚀而崩塌，从而在地下形成了贯穿的洞穴通道系统，在地表塑成独特的地貌景观。

岩溶含水系统是岩溶系统中最活跃的地下水系统。它有相对固定的边界和汇流范围及蓄积空间，具有独立的补给、径流、排泄途径和统一的水力联系，构成相对独立的水文地质单元。岩溶含水系统具有强大的三水转化功能，与地表水有密切关系。由于自然环境、地质条件、岩溶发育特征的差异，岩溶含水系统具有各自的特征，从而形成各具特色的岩溶含水系统。根据岩溶含水系统含水介质、水流特征等可以将岩溶含水系统分为裂隙流系统、管道流系统、地下河系统三大类。

1. 裂隙流系统

裂隙流系统的主要的特征是岩溶含水层为岩溶裂隙介质，地下水以层流运动为主。降水及地表水沿岩溶裂隙渗入补给。裂隙流速一般小于 50m/d，最大流量与最小流量之比为 1.5～10。由于岩溶发育的差异性和选择性溶蚀，某些断裂带发育成强溶蚀带，称为强径流带，是岩溶地下水的主要径流带，流速可达 100m/d。岩溶裂隙水在排泄区集中，局部可形成岩溶管道。

2. 管道流系统

构成岩溶管道流系统的基本条件是含水介质发育岩溶管道网，并形成以岩溶管道流为主的水动力特征。岩溶含水层中岩溶裂隙是普遍存在的，也是含水层蓄水的重要空间，岩溶管道流系统的形成是地下岩溶发育强化和进一步分异性溶蚀的结果。岩溶管道流系统成为汇流、排泄、蓄水构造地下水的主通道。管道流一般呈紊流，特别是在丰水期，一般呈有压管流状态，具有携带和输送泥沙的能力；在枯水期，也可能为层流状态。

3. 地下河系统

地下河系统是由地下河的干流及其支流组成的具有统一边界条件及汇水范围的地下水流动系统。地下河系统具有紊流运动特征，动态变化受降水影响。在岩溶区，地表有水系，地下有水网，其支流由次级地下河、岩溶管道和溶蚀裂隙组成。在地下河主要通道以下，经常有岩溶管道和溶蚀裂隙。地下河主通道水面在平、枯水期代表该地下河系区域最低地下水位，是流域内排水基准，在该水位以下的岩溶管道水具有承压性。

1.3　岩溶流域水循环规律及特征

　　岩溶流域是一个从上游到下游、从分水岭到河谷、由地表到地下构成的三维空间结构综合体；在宏观流场上，导水介质表现为具有地表、地下两套系统调控水流过程的二元形态结构（图 1-1）。岩溶流域独特的空间结构使其具有复杂的水流形态特征。

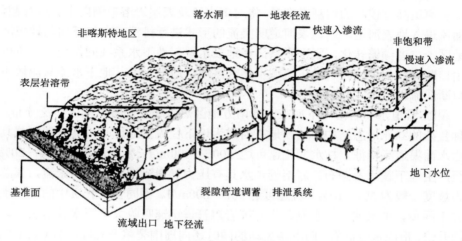

图 1-1　岩溶区多重水流系统[8]

　　岩溶流域的导水介质主要由 3 部分组成：孔隙介质（土壤）、裂隙介质及管道介质。各导水介质中的水流形态见表 1-1。

表 1-1　岩溶流域导水介质中的水流形态

介质	水流形态	水流速率
孔隙介质（土壤）	层流、达西渗流	慢
裂隙介质	层流、线性或非线性流动	中等
管道介质	紊流、非线性流动	快

　　岩溶流域在垂向一般可分为表层土、表层岩溶带、深层饱和径流带。当雨水降落在地表后，雨水渗入土壤，部分入渗水向下入渗进入表层岩溶带。由于土壤由上向下逐渐密实，在土层中可形成饱和水面，土层内部分水量侧向运动形成壤中流，剩余部分水量向下进入表层岩溶带，以裂隙水流运动。进入表层岩

溶带的水量在满足该带持水量后，部分水量垂向渗透进入深层饱和径流带，部分表层岩溶带水流通过侧向运动进入地表水系或地下水系。当表层岩溶带下存在地下河管道时，表层岩溶带内的水分将渗入地下河并形成侧向运动的管道流。当降水量较大时，表层土及表层岩溶带蓄满后形成饱和坡面流，汇集至地表水系，或向洼地内落水洞或漏斗汇集，集中补给地下河，由地下河调蓄排泄；当降雨强度很大时，进入地下河管道的水无法及时排泄，往往形成具有承压现象的地下河管道流。

岩溶流域通常存在地表河与地下河并存的情形，共同对水量进行排泄与调蓄。当地表河道具有较深的切割深度时，将对壤中流及表层岩溶带侧向水流进行截留，坡面流进入地表河道，以地表河道明渠流的形式进行排泄。在地下河与地表河交汇地区，二者频繁转化，紧密联系，在地表水系、地下水系共同作用下，流出流域出口断面。部分地表、地下流域不闭合区域，地表水流、地下水流从流域不同出口断面流出。

裂隙-管道水和岩溶地下河在中国南方地区热带和亚热带气候区广泛分布。在这种复杂的二元形态结构中，当地下河成为地下径流主通道时，其运动形式具有自由水面渠道流特征，枯水期流速可达 500～1000m/d，水力坡度为 1%～20%，甚至产生地下跌水及瀑布。岩溶管道水具有压力管道流性质，多为紊流，其总体水力坡度一般为 5%～10%，流速可达 300～600m/d。不同含水介质中的地下水运动并不同步。丰水期，落水洞、竖井等岩溶管道迅速吸收大量降水及地表水，水位抬升快，形成水位高脊，向下游流动的同时还向周围裂隙及孔隙散流（图 1-2a）。枯水期岩溶管道排水迅速，形成水位凹槽，周围裂隙及孔隙中的水向管道流汇集（图 1-2b）。由于岩溶管道断面沿流程变化较大，某些时段和部分区域的地下水呈现承压状态，而在其他时段可能变成无压状态。

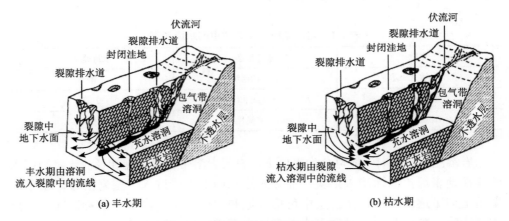

图 1-2　丰水期及枯水期岩溶水流动

在裂隙-管道水系统或岩溶地下河系统中，主管道和主通道在枯水期的排泄作用及丰水期的补给作用，不仅对含水层的水量起调节作用，而且对含水层的水质及其污染也有重要影响。洪水易将地表的各种污染物带到地下管道、通道中，并向含水层渗透。

1.4　本章小结

岩溶环境多发育于可溶性碳酸盐岩，包括石灰岩、白云岩、石膏等。不同种类的岩溶地貌通常是水-岩长期相互作用的结果。在水的溶蚀作用下，岩溶含水系统内裂隙、管道交织错杂，构成含水系统的连通性，导致岩溶地区的水循环过程与非岩溶地区之间存在较大差异，具有分布不均匀、补给—排泄响应迅速、水位流量变化剧烈等特点。特殊的水文地质条件及频繁的人类活动，使得岩溶地区出现大面积基岩裸露、土地退化、水土流失等石漠化现象，丰水期洪涝灾害及枯水期干旱缺水等极端气候事件时有发生，严重制约当地生态系统的可持续发展。基于岩溶流域的结构特点，揭示岩溶流域水循环过程与降雨径流响应规律是探索和维系岩溶流域生态系统稳定性的重要途径。

参 考 文 献

[1] Hartmann A, Goldscheider N, Wagener T, et al. Karst water resources in a changing world: Review of hydrological modeling approaches[J]. Reviews of Geophysics, 2014, 52 (3): 218-242.

[2] 罗旭玲, 王世杰, 白晓永, 等. 西南喀斯特地区石漠化时空演变过程分析[J]. 生态学报, 2021, 41 (2): 1-14.

[3] Cao Z H, Zhang K L, He J H, et al. Linking rocky desertification to soil erosion by investigating changes in soil magnetic susceptibility profiles on karst slopes[J]. Geoderma, 2021, 389: 114949.

[4] Wilcox B P, Owens M K, Knight R W, et al. Do woody plants affect streamflow on semiarid karst rangelands? [J]. Ecological Applications, 2005, 15 (1): 127-136.

[5] Chen X, Sun Y M, Huang R C. Role of hydro-geochemical functions on karst critical zone hydrology for sustainability of water resources and ecology in southwest China[J]. Acta Geochimica, 2017, 36: 494-497.

[6] Baker A, Berthelin R, Cuthbert M O, et al. Rainfall recharge thresholds in a subtropical climate determined using a regional cave drip water monitoring network[J]. Journal of Hydrology, 2020, 587: 125001.

[7] Fu T G, Chen H S, Wang K L. Structure and water storage capacity of a small karst aquifer based on stream discharge in southwest China[J]. Journal of Hydrology, 2016, 534: 50-62.

[8] Mangin A. Contribution à l'étude hydrodynamique des aquifères karstiques[D]. Dijon: Université de Dijon, 1975.

第 2 章 岩溶流域降雨径流响应规律

2.1 引   言

岩溶流域的径流对降雨的响应十分迅速。暴雨导致岩溶泉或地下河的洪峰流量高、延迟时间短，水文过程具有暴涨暴落的特点。如我国西南地区的桂林丫吉试验场属于裸露型峰丛洼地岩溶含水系统，场地的 S31 岩溶泉由三个岩溶洼地补给，流域面积仅 1km^2，旱季时泉水断流，而洪峰流量达到 7m^3/s。S31 岩溶泉洪峰对降雨的平均滞后时间一般为 4h，最短仅 1～2h。根据产流理论，径流的发生需要满足一定的门限条件。岩溶流域总体的蓄水量偏低，降雨容易转化为径流并引发洪涝和水土流失。同时岩溶流域下垫面空间异质性突出，降雨径流过程显著受到局部地形、植被、地质和岩溶发育特征的影响，因此开展降雨径流响应机理研究十分必要。

我国南方分布广泛的峰丛洼地是一种亚热带雨水溶蚀地貌，可溶岩经过雨水长期溶蚀后形成封闭的负地形称为漏斗，其中一部分进一步扩大合并形成洼地或谷地。这些岩溶负地形具有汇集地表径流并输送至裂隙-管道地下排水网络的功能。峰丛洼地实质上是降雨径流与可溶岩长期相互适应和演化形成的一种地貌形态，标志着岩溶演化处于成熟阶段。岩溶洼地的出现意味着地下排水网络的发育形成。岩溶洼地具有封闭性，较少存在地表排水口，地下水埋深达到 50m 以上，暴雨时岩溶洼地产生的短暂地表径流水势远高于地下水，能够通过落水洞或溶蚀裂隙快速排泄。

峰丛洼地具有满足降雨入渗的有利地形和快捷通道，而地形起伏、岩层组合、地质构造等因素影响岩溶发育，造成流域透水性和持水性的空间差异，进而影响产流能力和产流顺序。裸露型峰丛洼地岩溶区普遍发育的表层岩溶带是基岩表面遭受强烈溶蚀形成的具有一定厚度的持水层。在我国广西、贵州、云南等多个区域进行的观察和调查都表明表层岩溶带普遍存在。在表层岩溶带上广泛形成的一些小泉水能够维持数月不断流，证明其具有良好的持水能力。无论是通过岩层储存岩溶水或裂隙水，还是通过保存土壤储存孔隙水，表层岩溶带对调蓄降雨、改善局地小气候、支撑森林，甚至是流域水文过程的形成都具有重要贡献。

岩溶流域降雨径流与多种因素相关，深受土地利用方式的影响。石漠化现象导致岩溶流域土地产流产沙能力明显增强，这是因为植被缺失降低了树冠层对雨滴冲击力的缓冲，直接降落在石漠化裸岩表面的雨水加快了地表产流的速度。增加植被是石漠化治理最有效的方法，随着植被覆盖度的增加，坡面产流产沙能力逐渐减小。植被的根系改善土壤理化性质，增强土壤涵养水分的能力，且不同植被的水土保持能力有所差异。降雨径流还与坡度和基岩裸露率有关，有试验表明 15°坡产流产沙能力最大，随着基岩裸露率的升高，产流产沙能力先增大后减小。

　　水土流失监测径流小区是研究坡面产流产沙现象的主要手段。径流小区是选择代表性的山坡，按照统一的尺寸修筑围挡构成的闭合小区。将小区内的地表径流统一收集起来进行称量计算，获得单位面积的产流产沙量。径流小区属于半控制性野外原位试验，能够对比坡度、基岩裸露率、植被处理等水土流失控制因素，获得相对定量的结果，但由于坡面形态、地质构造、岩溶发育等因素本身存在差异，径流存在不确定的漏失，且难以通过试验效果消除这些因素的影响，所以试验结果的解释需要慎重。

2.2　岩溶流域降雨径流响应的观察、试验与模拟

　　岩溶流域降雨径流产生的影响很少停留在地表层，而是随着岩溶发育深度的增加向纵深延伸。流域水文过程是降雨径流全局性响应的结果。因此降雨径流的观测和研究应该遵循整体性和动态性。水流从顶部表层岩溶带往底部运动穿过包气带，最终进入地下河。表层岩溶带厚度约 10m，包气带的厚度通常为 100～1000m，具有裂隙-管道组合结构，水流在其中穿过的路径和方式十分复杂。地下河的长度一般为几十至几百千米，只有少量洞穴能够进入观察。这些可进入的洞穴包括包气带化石洞与地下河（图 2-1），为直接观察和认识岩溶下垫面的结构、产流机理和水流状态提供了条件。岩溶山坡不同部位甚至是接近山顶地带能够出现数量丰富的小泉眼，这是表层岩溶带的溢流泉或者是夹层阻隔渗流而产生的悬挂泉。对洞穴滴水、坡面上小泉水和地下河的观测能够为认识岩溶地区的降雨径流提供直接的信息。一些研究为观测水土流失在山坡上设置了径流小区。将这种从黄土地区引入的土壤侵蚀观测方法应用在岩溶地区，可提供坡面的径流信息。

　　钻孔能够揭示地下岩溶情况，而且提供了观测地下水的位置。钻孔中显示的地下水位及其波动不能直接用于水文模型校验。这是因为岩溶地区不具有统一的水势面，在大概率情况下水位受到局地的降雨补给条件和裂隙的连通程度控制。仅仅揭露地表层或者包气带的钻孔很难获得水位信息，这是因为尽管表层岩溶带和包气带都存在重力水，但是这种存在于个别裂隙或管道的水以垂向运动为主，彼此之间缺少联系，很难构成水面，也不存在"水位"的概念。近年来利用高频电磁波传播速度和岩石导电性来区分岩溶发育强度或者含水量的地球物理方法得

到一定的发展，地球物理方法能够快速获取数据，但是信息的分辨率不高，在岩溶发育程度上具有明显差异或识别土壤-岩石界面时效果更好。

图 2-1　可进入直接测量水体的宽度和深度的地下河

2.2.1　岩溶流域的结构

　　岩溶流域的地层岩石具有多样的溶蚀特征，提供了可供地下水、地表水和土壤水储存和运动的空间。按照各个部分的水文功能，岩溶流域划分为输入、存储和输出三个组成部分。峰丛洼地与峰林平原组合形成了我国南方地区分布最广泛、最具有代表性的广义上的峰林地貌单元，同时也是富水性良好的水文地质单元。峰丛洼地地势和水势高，峰林平原地势和水势较低；峰丛洼地构成流域的输入端或产流区域，而峰林平原处于径流的输出端和储水区域（图 2-2）。从更高层次上看，整个峰林地貌构成了更大水系的水量输出和存储单元。岩溶地貌与侵蚀地貌组合形成的流域在我国南方地区也普遍存在。在这种情况下，发源于侵蚀地貌区的外源水构成了流域重要的输入端，或者由地下水集中排泄形成的岩溶泉成为河流的支流。

　　在一个岩溶含水单元内部，地形地貌、岩层富水性差异和岩层组合结构变化不仅促使地下水在地形边界或地质边界附近排泄形成下降型或者溢流型岩溶泉，也导致含水单元分解为存在上下游承接关系且相对独立的多个子单元。总结起来，一个典型的岩溶流域可能包括：多个侵蚀地貌区组成的外源水单元、由峰丛洼地或峰林平原构成的多个岩溶含水单元。岩溶流域内部水文单元之间的组合与水力联系方式具有多样性。

图 2-2　丫吉试验场附近的峰林

2.2.2　表层岩溶带的门限作用

表层岩溶带承接降雨，一般不可能将所有的降雨全部经由它转化为径流，它需要截留一部分水量提供给土壤和植被，待到自身全部满足后剩余的降雨转化为径流，进入到下部包气带，实现了第一个门限作用；待到径流达到一定的积累超出它的输送能力，第二次门限作用被触发，"拒收"多余的径流将其变为地表坡面流（图 2-3）。南方山地型下垫面多具有类似的水文功能，不过在岩溶流域因为岩石的孔隙率缺少规则，门限的定量测定不太容易实现，仅有一些野外试验值和现场观测值作为参考，远远达不到空间预测的程度。

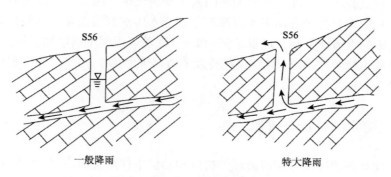

图 2-3　表层岩溶带门限作用示意图

岩溶流域的地表岩石与土壤的分布是有趋势可寻的。一般漏斗、洼地、山谷等低洼之处土壤较为连续，而坡度越陡岩石裸露率越高。这些山地陡坡之间有时候会形成一些泉眼，只在雨季见到一股水流出，而在旱季则干枯。在暴雨期间小泉眼水流增长，形成难得一见的瀑布溪流从山坡一直往下进入落水洞，随之消失（图 2-4）。而在一些岩石上附着的土壤此时水分饱和产生渗水，一起混入溪流。这些水文现象的观察使对表层岩溶带的理解和认识更加立体和直观。

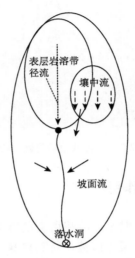

图 2-4　岩溶流域暴雨期间山坡径流的组成

　　　岩溶流域山坡的径流多是季节性的或降雨型的，这与表层岩溶带门限作用有关。能够观测到径流发生在春季，是由南方地区冷暖气流交汇形成连续的强降雨引起的。这种天气模式才可能导致表层岩溶带保持充分富水状态，并且形成溪流。根据在丫吉试验场 1 号洼地暴雨期间的人工观测记录（图 2-5），此时岩溶洼地出现难得一见的来自各个方向多条溪流汇集后进入落水洞的现象。这些由表层岩溶带溢流而成的溪流流量最大可以达到 40L/s，随着降雨强度的增加很快出现洪峰，降雨结束后洪峰随之消退。这些溪流持续的时间通常为 1～3 天，整个暴雨期间的水量达到 1660m^3。

2.2.3　岩溶水的补给与排泄

　　　峰丛洼地在我国南方岩溶流域的构成和功能中作用突出，不仅因为其面积广，而且作为降雨输入端其径流转化效率高，成为流域水量和溶质的主要来源。参考桂林岩溶地貌的研究结果，岩溶洼地的面积密度平均值为 2.6 个/km^2，单个岩溶洼地的平均面积为 0.38km^2。南方地区峰丛洼地约 30 万 km^2，岩溶洼地及落水洞的总量十分庞大，为我国南方地区约 3000 条地下河提供了丰富的水源。

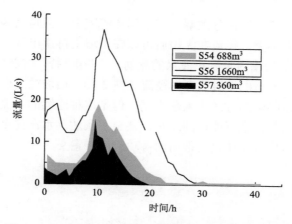

图 2-5　丫吉试验场 1 号洼地暴雨期间的溪流流量曲线

　　表层岩溶带处于流域的顶面，由于土壤分布稀少，降雨直接降落在表层岩溶带上。它具有大量溶沟、溶槽等岩溶发育强烈的表面（图 2-6），降雨近乎是 100%转化为地下径流。然而根据对钻孔岩芯的观察，大部分地带的表层岩溶带厚度仅为 3～10m，而且尽管裸露岩石因为雨水淋洗溶蚀强烈，但是这种凹凸不平的形态如果没有植被和少量土壤的"帮忙"，几乎不能存储任何的雨水。

图 2-6　桂林丫吉试验场附近的表层岩溶带表面

　　部分地带土壤与岩溶接触带的附近因为土下溶蚀而形成一些被填充的储水空间。表层岩溶带上岩缝或洞穴的大量存在，以及含砾石石灰土的高渗透性使径流隐匿在土壤下部和岩石裂隙中，山坡在雨后很少看到坡面流，仅在一些平整的岩石表面形成小股水流，很快分散漏失在土壤和缝隙中。但是因为表层岩溶带导水和储水空间的深度不大，径流在大雨后可以在山坡上再次出现，形成自流泉，甚至在埋深 3～5m 的岩槽内见到小股水的流动。一些雨后冒水或渗水的泉眼经过开挖能够见到岩石与土壤的接触面存在径流（图 2-7）。山坡的坡面存在自上而下的径流，并有可能以隐蔽的方式进入落水洞。但是这种连续的径流并不一定会在自上而下的过程中增加，也可能逐渐缩小，甚至在到达落水洞前全部消失。掌握这些特征对正确认识峰丛洼地包气带的调蓄功能很有意义。

图 2-7   表层岩溶带岩石-土壤接触面的径流

　　桂东北岩溶盆地、桂西岩溶山地、川东槽谷和湘南岩溶丘陵等岩溶流域中外源水的作用十分突出。外源水尽管在各流域内所占的比例存在差异，但在岩溶管道形成、外源物质输入和控制水文过程中都产生重要作用。外源水的侵蚀力强，塑造了大型洞穴，促使大规模地下河管道形成。外源水属于山区溪流，洪水迅猛直接灌入地下河入口，使地下河的径流和岩溶洼地排水通畅，导致洪峰提前。但是外源水携带的泥沙可能引起地下河堵塞，在边缘谷地形成内涝。

　　我国南方地区的地下河往往沿着河流分布。红水河在广西境内、龙江、刁江、左右江等都有地下河补给。当河流穿过岩溶含水层时不仅破坏了含水层的完整性，也构成了区域性的排泄基准面，一些地下河出口直接位于河岸陡壁上，还有一些被淹没在河水下面。但沿河排泄并不是地下水排泄的唯一方式，地形变化和地质构造也能引起地下水出露，在峰丛洼地与峰林平原边界形成了大量的岩溶泉（图 2-8）。

图 2-8 丫吉试验场峰丛洼地与峰林平原边界上的岩溶泉（S291）

峰丛洼地在降雨后集聚了大量的径流，因为本身储水空间小，水位急速上升，急需要往外排泄，而相邻峰林平原整体地势和水位都比较低，为峰丛洼地径流排泄提供了空间。岩溶水选择什么样的排泄方式与排水量的大小和地下水排泄的地质条件有关。下降型岩溶泉属于畅排式出流，径流速度快，循环周期短。在排水过程中随着补给区与排泄区水位接近，水流逐渐减弱甚至消失，为此下降型岩溶泉流量变化不稳定。当洪水期水量超过岩溶泉的排泄能力时，会发生径流绕道，形成溢洪口或导致岩溶泉之间的串流。溢流型岩溶泉的地下水循环深度在泉口标高之下，具有明显的静储量，流量变化较为稳定。

2.2.4 岩溶流域降雨径流响应特征

岩溶流域降雨径流响应特征的讨论应该是建立在对流域内部结构掌握程度较高的基础上，而且对岩溶流域结构解剖得越仔细，对降雨径流响应机理的认识越深刻。雨水通过多种不同的路径进入岩溶流域，其中有的路径运动速度较慢，对径流起到一定的调节作用，例如，土壤和裂隙中的渗流，以及一些封闭的洞穴能够储存一部分水。坡面流和落水洞水流运动速度较快，水量也较大，但仅仅在大雨后半天至一天之内有水，它们造成了峰丛洼地管道式地下河流量暴涨暴落的动态（图 2-9）。

峰丛洼地的气候多变，其影响水文过程的作用不能忽视。桂林丫吉试验场在流域内设置 5 座雨量计，同一场次降雨不同观测站测量的降水量及其降雨强度不同。

图 2-9　丫吉试验场暴雨时进入落水洞的水流

从峰丛洼地到峰林平原降水量有减小的趋势。各峰丛洼地降水量也不同，深洼地与高洼地相比，降水量普遍偏大。同一场次降雨山上和山下各洼地集中降雨时间可能相差 1～3h。

　　由于岩溶洼地的位置分布和底部高程不同，洼地与岩溶泉之间的连通关系是多通道和多层次的。通过人工示踪试验证明，岩溶洼地一个落水洞的排水可能同时进入到两个岩溶泉（图 2-10）。这是由于岩溶裂隙的连通关系不受地形的限制，则受到地质作用的影响更显著。而且在同一个位置重复多次试验得到的地下水流速很少是相同的，有时相差会达到上百倍。这种现象表明了径流在岩溶流域内的运动状态可能随时发生变化。通过在丫吉试验场采取的暴雨过程的分析中发现泉

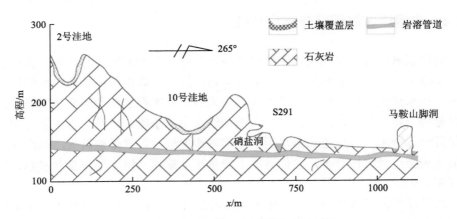

图 2-10　丫吉试验场 S291 岩溶泉剖面图

水流量或水位在暴雨过程中表现为暴涨暴落，显示岩溶流域的含水介质为裂隙和管道的组合型，同时发现暴雨引起岩溶泉电导率等水化学指标出现先减小后增加的变化，表示经由管道或裂隙等路径的径流到达时间不一样。暴雨引发的坡面流等的电导率和 Ca 等离子的浓度较低，经过岩溶管道首先到达，具有较高电导率和离子浓度的裂隙水紧随其后。

2.3　丫吉流域降雨径流响应特征

2.3.1　丫吉试验场概况

　　丫吉试验场 4 个岩溶泉（S29、S291、S31、S32）是这一带的峰丛洼地的地下水向峰林平原排泄的一系列通道的部分，岩溶泉与上游岩溶洼地之间复杂的连通关系及泉流域之间的联系已由示踪试验确认。这些岩溶泉属于季节变动带-饱水带泉，出自同一个含水岩组和水文地质单元，即使构造和地貌等因素相似度高，但并不意味着水文响应完全一样。

　　4 个岩溶泉中以 S31 岩溶泉流域面积最大，其上游东西向排列的三个岩溶洼地组成狭长的流域，最靠近泉口的 1 号洼地底板标高显著低于其他两个浅洼地，成为主要的暴雨径流汇集区。底部发育岩溶管道成为唯一的排水通道，每个洼地的落水洞与岩溶泉之间通过管道接通。岩溶泉出口处可见此管道形态具有喇叭口状，洞口处水面以上部分洞穴仅高 1m，往里 2m 洞道直径缩小至几十厘米（图 2-11）。水下部分深度未测量。根据管道出口处 5 个钻孔的抽水试验分析，这一段管道与周围裂隙介质的水力联系不紧密，管道可能切穿或截断多条

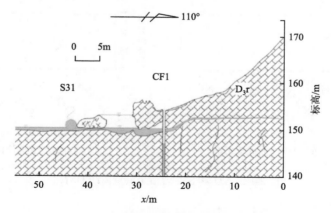

图 2-11　丫吉试验场 S31 岩溶泉出口剖面图

CF1 为钻孔编号，钻孔不与管道联通

裂隙，但因为裂隙网络整体透水性和富水性差，其通过裂隙分流管道的水量规模较小。泉水流出洞口后即进入峰林平原，泉水开始沿着河床多点往下渗漏，渗漏量达到 10L/s。

S32 岩溶泉位于 S31 岩溶泉南侧 100m，泉眼比 S31 岩溶泉高 10m。两处出水口都不明显，排泄条件一直不明确。后来新实施的 CF13 钻孔在泉口附近揭露溶洞，证明 S32 岩溶泉同样发育管道，泉眼疑似是从一个没有出口的封闭洞穴溢流而出。S32 岩溶泉流域呈现狭长状，位于 S31 岩溶泉流域的南侧。上游 5 号洼地部分径流进入该流域，且位置偏远，其余靠近泉眼的部分为峰丛斜坡，降雨补给条件不好。

S29 和 S291 岩溶泉位于 S31 岩溶泉的北部约 300~500m，且与之相隔由一座山峰构成的地表分水岭。两个岩溶泉泉眼的海拔接近，水平距离只有 100m。S29 的泉眼一米见方，而 S291 的泉眼在高水位时构成一个 $100m^2$ 的水塘，在低水位时可见水位潜入岩溶裂隙当中。两个岩溶泉流域由各自最靠近泉眼的一个岩溶洼地构成。

4 个相邻且相似的岩溶泉在流域面积、形状、补给区地形、排水条件等存在多方面的差异，决定了水文过程具有多样性的表现。在规模上，S31 岩溶泉最大，其次是 S29 岩溶泉，S32 与 S291 岩溶泉相当。在维持时间上，S31 岩溶泉最长，构成了常流泉，其余三个都是季节泉（图 2-12）。导致泉水季节性出流的因素除了流域面积小和富水性差之外，泉眼周围岩石透水性不同也是重要原因。透水性越好泉眼底部直接往平原区渗漏的渗漏量越大，越容易断流。S29、S291 和 S32 三个岩溶泉一年有流量的时间约 3 个月。但是 S291 岩溶泉断流后泉眼处仍然可见到水位和水流，并非真正的断流。

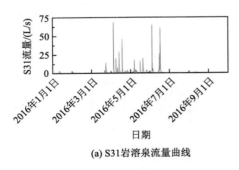 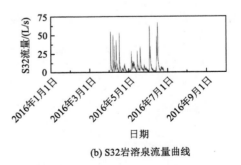

(a) S31岩溶泉流量曲线　　　　　　　　(b) S32岩溶泉流量曲线

图 2-12　S31 和 S32 岩溶泉流量曲线的对比

4 个岩溶泉对暴雨的响应具有几个一致性表现，比如洪水涨退时间和历时长短。因为在暴雨期间降雨特征值在一个小区域（$2km^2$）不会有显著的变化，而且在相同的地质条件下降雨径流的发生及水流在含水层中运动遵循相似的规律。暴雨响应的差异主要表现在洪水规模及峰值出现时间。以 1989 年 4 月的一次暴雨过程为例，此次暴雨分为两个阶段，第一阶段降雨强度大，最大强度超过 50mm/h；第二阶段持续时间较长。S31 岩溶泉的洪水曲线收窄，体现了降雨径流快速形成和快速结束，而其他两个岩溶泉洪水曲线宽平，洪水受到管道排泄能力的限制，流量被压制（图 2-13）。联系到三个泉眼的形态，对此水文现象的差异就更容易理解。可见岩溶形态对流域降雨水文响应的重要性。

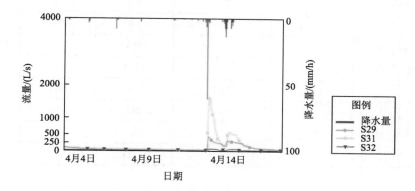

图 2-13　丫吉试验场三个岩溶泉暴雨水文曲线形态的对比

2.3.2　洪峰延时效应

岩溶泉对降雨的响应是由于降雨补给增加流域的含水量，引起水位、流速和流量甚至水化学指标等综合性的变化，降雨响应能够体现岩溶流域对环境变化的敏感程度。在暴雨条件下岩溶泉流量激增的同时，水的颜色也发生变化，这是径流对降雨强烈响应的表现。在多数降雨条件下岩溶泉没有明显变化，或者只是流量缓慢地增加，属于温和的响应。岩溶泉对降雨响应复杂多变的表现证明降雨径流过程控制因素和动力机理多种多样，对于这一水文现象原理的深入认识仍在持续进行。

丫吉物理模型提出岩溶流域是由表层岩溶带、包气带和饱水带三个串联的水箱组成的结构，并且构想了水箱内部由裂隙和管道多重介质之间的并联动态调蓄机制，实现了计算机模拟，对岩溶泉暴雨后水文表现作出了合理解释和预测。根据物理模型，岩溶泉降雨响应强烈程度与进入管道的水量和管道的调蓄作用有关。表层岩溶带控制有多少水量进入管道，起到了门限作用。表层岩溶带门限作用低从而引起更大的水量快速进入管道，引起流量快速增加且大幅度上升。一次降雨过程岩溶泉在数小时内流量达到峰值,峰值流量升高 10 倍甚至更高(表 2-1)。岩溶泉流域之间的响应差异表现在滞后时间的长短,可相差数个小时,是由饱水带岩溶管道滞留调蓄作用引起的。岩溶管道形态复杂和曲折起伏变化对径流起到了调蓄作用。

表 2-1　岩溶泉降雨径流响应特征

场次	雨量/mm	降雨强度/(mm/h)	平均流量滞后时间/h	初始流量/(L/s)	峰值流量/(L/s)	岩溶泉
20160407	67.6	4.98	2.31	9.1	547.7	S31
			3.35	1.8	49.3	S32
20160412	53.3	4.09	2.46	37.9	787	S31
			2.38	132.2	258	S29
			1.02	4.9	42.3	S32
20160417	61.8	4.75	0.27	20.8	1226.5	S31
			2	96.3	260.9	S29
			2.96	9.1	52.7	S32

2.3.3　水量均衡关系

当岩溶流域的全部径流都通过管道或裂隙排泄时,流域的排水量可相当于岩溶泉的流量。这里面包含的假设条件是流域只通过岩溶泉排泄,没有其他的出口,实际上有些流域近似满足这个条件,有些则不然。以这个假设为基础计算得到 S31 岩溶泉流域年降雨入渗系数为 0.37,基本符合南方地区的经验值。南方地区以水文年为均衡期是合适的,因为在季风条件下枯水期与丰水期差异大,水量集中在雨季,枯水期储水量释放较为完全。雨季降雨补给条件好,降雨入渗率高,旱季相反。仅仅采用降水量和岩溶泉的流量计算入渗系数,会出现入渗系数大于 1 或者很小,比如小于 0.1 的情况;入渗系数大于 1 可能是由于没考虑储水量的变化引起的,多余的水量来自于储水量减小。不考虑蓄水量的增加会导致入渗系数偏小。实际上,一段时期内入渗系数等于零完全有可能。

单次降雨入渗系数差异很大。以一次降雨事件作为案例(2016 年 5 月 13～17 日)。这是降水量较为集中的一次暴雨过程。岩溶泉流量明显升高,洪峰流量比初始流量增加了 20 倍(图 2-14)。均衡期期间流域存水量的增加量是总排水量的 10%,对均衡关系的影响较小。输入量等于降水量,输出量为均衡期期间岩溶泉的总排水量,单次降雨入渗系数为 0.16。

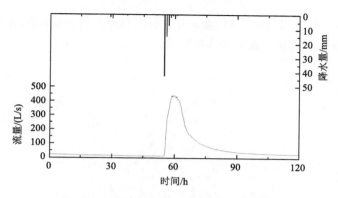

图 2-14　S31 岩溶泉的一次洪水流量曲线

2.4　河口流域降雨径流响应对比

在岩溶区,降水量、前期土壤情况是影响径流产生的重要因素之一[1, 2]。土壤的总含水量是影响坡面流的重要因素,对于土壤的物理和化学性质(如土壤结构、连通性、透气性和黏聚力等)有重要影响。土壤含水量主要通过改变土壤的物理和化学性质进而影响降雨过程中的土壤渗透、径流等环节[3]。本节结合降水历时及涨水历时,对比分析研究前期影响(7 天)雨量及降水量对岩溶地区的径流影响。

2.4.1　数据资料

河口流域位于云贵高原东南侧,地势由西北向东南倾斜,北部、西北部及西南部较高(图 2-15)。流域主要地貌类型包括岩溶地貌、河流阶地、土山山地和侵蚀台地。河口流域内多为石灰岩大石山区,山峰险峻,最高峰高程为 1189m。河道两岸崇山峻岭,石山壁立,山峦起伏,中上游石山重叠,下游有狭长谷地,土地肥沃。流域内岩溶地貌发达,有天窗、漏斗、洼地及溶洞等地质构造,多潜流,是广西特有的喀斯特地貌发育区域。河口流域岩溶地下水呈不均一的裂隙溶洞水分布,地下河发育主要分布在中下游,两岸主要是岩溶地貌,沿岸种植有玉米、甘蔗和少许林木,植被覆盖度较好。河口流域流经境内河道多穿行于石灰岩山区,地下河补给面积为 1334km²,江水清澈,沿江两岸为狭长谷地,土地肥沃。河口水文站是河口流域上游的主要控制站,位于广西壮族自治区河池市金城江区九圩镇河口村,该站断面以上河段顺直,河岸稳定,高水无分流和漫滩,两岸及河床由页岩黏土组成,河道深窄。根据河池市水文中心提供的小时流量数据及小时降雨数据，选取 2014～2018 年 11 场降雨分析不同降水量及前期影响雨量产生的径流特征。降雨场次及其参数如表 2-2 所示。

图 2-15　河口流域示意图

表 2-2　河口流域不同类型降雨场次及其参数

序号	降雨场次	前期影响雨量/mm	前期土壤情况	降水量/mm	降水历时/h	涨水历时/h	洪峰流量/(m³/s)	径流深/mm	地下径流/mm
1	20171004	20	湿润	24	20	25	223	32.2	22.8
2	20140812	15	湿润	56	19	18	219	23.2	11.0
3	20170920	2	干燥	21	25	20	46	7.7	6.3
4	20140918	37	湿润	101	45	28	458	82.4	38.2
5	20170711	40	湿润	50	46	21	451	74.4	49.3
6	20160909	0	干燥	61	38	20	149	24.9	19.2
7	20170627	54	湿润	63	37	30	542	89.7	41.4
8	20151030	0	干燥	52	41	21	75.3	19.4	13.6

序号	降雨场次	前期影响雨量/mm	前期土壤情况	降水量/mm	降水历时/h	涨水历时/h	洪峰流量/(m³/s)	径流深/mm	地下径流/mm
9	20180611	25	湿润	51	45	25	220	32.4	15.2
10	20161019	0	干燥	97	40	27	56.9	11.1	7.7
11	20160802	10	湿润	96	47	22	107	13.2	10.8

2.4.2　降雨径流过程分析

对比表 2-2 中第 1、3 场降雨可知，在降水量、降水历时、涨水历时基本一致且降水量较小的条件下，第 1 场降雨前期土壤较湿润，前期影响雨量为 20mm，洪峰流量为 223m³/s；第 3 场降雨前期土壤较干燥，前期影响雨量为 2mm，洪峰流量为 46m³/s，仅为第 1 场降雨所产生洪峰的 1/5 左右。对比第 6、7 场降雨场次，第 6 场降雨前期土壤较干燥，前期影响雨量为 0mm，洪峰流量为 149m³/s；第 7 场降雨前期土壤较湿润，前期影响雨量为 54mm，洪峰流量为 542m³/s，为第 6 场降雨产生洪峰的 3.6 倍。同样对比第 8、9 场和第 10、11 场降水量较大的降雨场次，在降水量、降水历时、涨水历时基本一致时，前期影响雨量较大的降雨场次形成的洪峰流量为前期影响雨量较小的降雨场次形成的洪峰流量的 2~3 倍。以上结果表明当降水量、降水历时、涨水历时等条件基本一致时，在岩溶区河口无论洪水大小，前期影响雨量大（土壤较湿润）的降雨场次所形成的洪峰流量总是比前期影响雨量小（土壤较干燥）的降雨场次形成的洪峰流量大，二者洪峰流量之间的差异约为 2~5 倍（图 2-16）。

Sheffer 等[4]在岩溶区洞穴及包气带降雨径流响应方面做了相关研究，结果表明在降雨初期降水量在满足土壤需求和填充表层岩溶带的空隙后，才会引起滴水变化，且存在降雨阈值效应，即降水量超过该阈值后才会滴水。由本节可推知，岩溶区存在较大的地下蓄水库容，降雨经裂隙、裂缝等地质构造先补充地下水库的缺水量从而不形成明显的径流。当地下蓄水库渐渐蓄满并达到最大蓄水能力后，逐渐产生较为显著的地表径流，形成洪峰。另由表 2-2 可知，在前期影响雨量、降水历时、涨水历时基本一致的情况下，第 6 场降雨的降水量为 61mm，显著低于第 10 场降雨的降水量（97mm），但洪峰流量（149m³/s）却明显高于第 10 场降雨产生的洪峰流量（56.9m³/s）。这一现象主要归因于第 6 场降雨在前期影响雨量之前有过较大降雨，地下蓄水库已得到补充且尚未完全消退，降雨用于补充地下蓄水库容的损耗较少，故降雨后产生的洪峰流量更大。

此外，第 1 场降雨的雨量为 24mm，产生的径流深为 32.2mm，大于该场降雨的降水量，第 5、7 降雨也存在同样的现象，意味着该场降雨全部转化为径流，不

产生损耗。主要原因在于该场降雨发生前几小时内存在集中降雨补给且降雨强度
较大，径流未完全消退即迎来下一场降雨，受到前次降雨的影响导致起涨流量远
高于基流流量，土壤处于完全湿润饱和状态，地下蓄水库容空缺已被前次降雨所
填补，基本无降雨损失，故所产生的径流深较大。

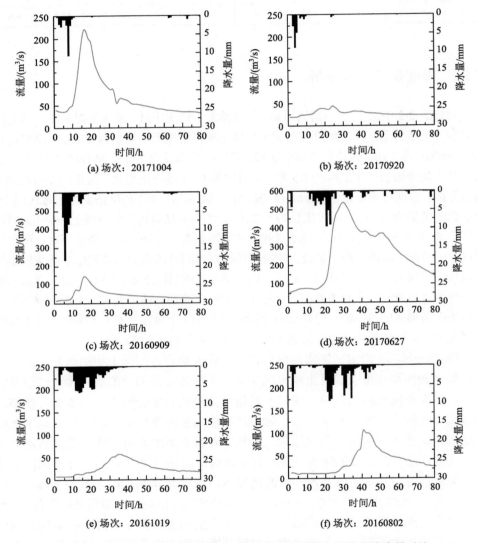

图 2-16　河口流域前期影响雨量不同时近似降水量产生的洪峰流量对比

如图 2-17 所示，第 1、2 场降雨在前期影响雨量、降水历时及涨水历时基本
一致的情形下，第 1 场降雨的降水量为 24mm，第 2 场降雨的降水量为 56mm，

约为第 1 场雨量的 2.3 倍，但两场降雨产生的洪峰流量相差不大，分别为 223m³/s 和 219m³/s。同样观察第 4、5 场降雨，在前期影响雨量、降水历时及涨水历时基本一致时，第 4 场降雨的降水量为 101mm，第 5 场降雨的降水量为 50mm，仅为第 4 场雨量的 1/2，但两场降雨产生的洪峰流量仍相差不大，分别为 458m³/s 和 451m³/s（表 2-2）。以上结果表明当前期影响雨量、降水历时、涨水历时等条件基本一致时，不同的降水量在岩溶区产生的洪峰流量大致相同。大量研究表明岩溶管道、大裂隙为岩溶区的主要导水介质，但不同岩溶区的管道发育情况不同导致其过流能力阈值有限[5-7]。因此，当管道的排水能力与实际的补给强度不适应时，降水量超过岩溶系统的最大排泄量，岩溶地下水出流受阻导致水流无法及时排出，长时间可能引发内涝等地质灾害。

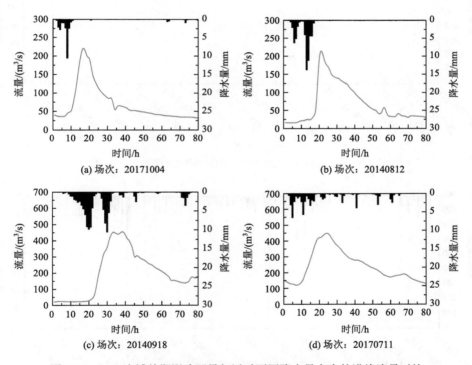

图 2-17　河口流域前期影响雨量相近时不同降水量产生的洪峰流量对比

2.5　降雨径流过程对前期雨量的响应差异

为进一步说明岩溶含水层调蓄作用对岩溶流域降雨径流响应规律的影响，突出岩溶地区的水文循环特性，探究岩溶区的产汇流特征，本节选择面积相似的非岩溶流域的北流河流域与岩溶流域的河口流域进行降雨径流规律对比分析。

　　河口水文站是河口流域干流中上游的主要控制站，控制流域面积约 1044km²，大部分区域属于岩溶区。北流河位于广西玉林市，控制面积约 1027km²，大部分区域属于非岩溶区。如河口、北流河两个流域汛期的降雨径流过程线显示，河口流域总体流量过程线较宽胖，洪水呈现缓涨缓落的特点，而北流河流域总体流量过程线较尖瘦，洪水呈现陡涨陡落的特点，两者过程线呈现出明显不同的特点（图 2-18，以 2017 年为例）。因此选取河口、北流河流域作为降雨径流响应规律对比研究对象。

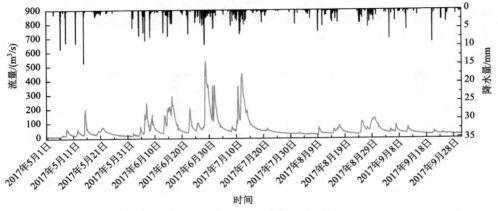

(a) 河口流域2017年5～9月降雨径流过程线

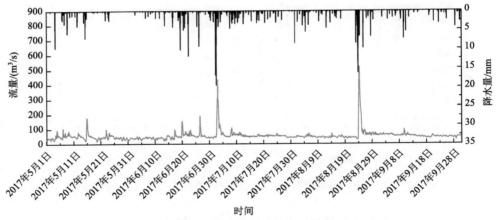

(b) 北流河流域2017年5～9月降雨径流过程线

图 2-18　河口、北流河流域 2017 年 5～9 月降雨径流过程线对比

　　北流河属珠江流域西江水系一级支流，素有"南方水上丝绸之路"之称，属南亚热带季风气候区，气候温和，雨量充沛，地势北高南低，全长 259km，流域

面积约 9359km², 年均径流量为 8.01×10⁹m³。年均降水量为 1690mm, 年均蒸散发为 1594.58mm, 年均气温为 21.7℃。流域境内主要的地貌类型包括构造侵蚀地貌、侵蚀剥蚀地貌和侵蚀堆积地貌。北流河流域示意图如图 2-19 所示。

图 2-19 北流河流域示意图

2.5.1 枯水状态下岩溶与非岩溶流域降雨径流响应分析

在河口、北流河流域各选择 3 场前期 5 日左右无降雨、前期土壤情况相对干燥的降雨场次, 信息如表 2-3 所示。

表 2-3 河口、北流河流域枯水状态降雨场次及其参数

参数	河口				北流河			
	20180917	20130324	20130616	平均值	20161120	20130516	20150909	平均值
降水量/mm	86	28	39	—	79	33	34	—

参数	河口				北流河			
	20180917	20130324	20130616	平均值	20161120	20130516	20150909	平均值
降水历时/h	35	5	10	—	36	7	17	—
涨水历时/h	34	14	23	24	21	12	13	16
洪峰流量/(m³/s)	268	47.8	95	—	1000	157	239	—
延时响应时间 T_d/h	12	5	15	11	17	10	11	13
径流深/mm	38.2	3.3	19.3	20.3	48.2	8.9	12.6	23.2
地下径流/mm	12.1	3.3	15.8	10.4	10.6	3.4	5.7	6.6

注：涨水历时为从起涨流量到达洪峰流量所经历的时段；延时响应时间是指在经历本次降雨的最大降雨强度后达到洪峰流量的响应时间差。

以河口流域 20180917 场次降雨和北流河流域 20161120 场次降雨为例（图 2-20），在前期均为 5 日未降雨，降水量、降水历时基本一致的情况下，河口流域 20180917 场次产生的洪峰流量为 268m³/s，涨水历时为 34h，延时响应时间为 12h；北流河流域 20161120 场次产生的洪峰流量为 1000m³/s，涨水历时为 21h，延时响应时间为 17h。河口流域产生的洪峰流量约为北流流域的 1/4，从起涨流量到达洪峰流量历时较北流河流域多 13h，但在经历最大降雨强度后河口流域到达洪峰流量所需时间较北流河少 5h。表明岩溶区河口流域在枯水状态下降雨径流响应较非岩溶区北流河流域更慢，且产生的洪峰流量更小。

由降雨场次综合对比可知，在前期影响雨量相当、降水量、降水历时接近的情况下，岩溶区河口流域的平均涨水历时为 24h，平均延时响应时间为 11h；非岩溶区北流河流域的平均涨水历时为 16h，平均延时响应时间为 13h。相对于北流河流域，岩溶区河口流域从起涨流量到达洪峰流量所需的涨水历时更长，约延迟 8h；在经历最大降雨强度后到达洪峰的响应时间差更短，约提前 2h，意味着河口流域在枯水状态下总体降雨径流响应较慢，降雨后产生径流所需时间更长，涨水较慢，但在经历最大降雨强度后响应较快，能够快速达到洪峰流量。

由图 2-20 可知，河口流域流量过程线较宽胖，洪水呈缓涨缓落趋势。以河口流域 20180917 场次降雨为例，在连续降雨 20h 后流量过程线才出现明显涨幅。北流河流域流量过程线较尖瘦，洪水呈陡涨陡落趋势。以北流河流域 20161120 场次

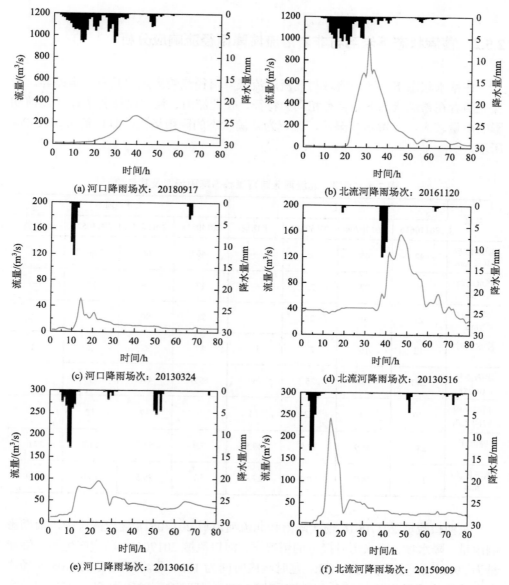

图 2-20　枯水状态下河口、北流河流域产生的洪峰流量对比图

降雨为例，连续降雨 20h 后流量过程线便有明显涨幅且涨水速度较快。在前期均为 5 日左右未降雨，降水量、降水历时接近的情况下，岩溶区河口流域产生的洪峰流量远小于北流河流域，大约只有北流河流域的 1/4~1/2，在同样经历降雨后，河口流域从起涨流量到达洪峰流量所需的涨水历时较北流河流域更长，但在经历最大降雨强度后到达洪峰流量的延时响应时间更短。

2.5.2　蓄满状态下岩溶与非岩溶流域降雨径流响应分析

在枯水状态下，河口流域与北流河流域降雨径流响应规律具有一定差异。为探究两者在蓄满状态下是否有相同的特征，在北流河、河口流域各选择 3 场前期影响雨量较大，土壤基本湿润，流域为蓄满状态的降雨场次，具体信息如表 2-4 所示。

表 2-4　河口、北流河流域蓄满状态降雨场次及其参数

参数	河口				北流河			
	20170616	20170704	20160814	平均值	20140518	20130511	20130525	平均值
前期影响雨量/mm	42	65	95	—	40	66	89	—
降水历时/h	22	20	22	—	17	28	17	—
降水量/mm	21	91	27	—	20	90	32	—
涨水历时/h	12	15	23	17	17	32	16	22
洪峰流量/(m³/s)	293	758	226.2	—	89.4	478	178	—
延时响应时间 T_d/h	10	11	22	14	9	17	12	13
径流深/mm	23.3	88.9	37.3	49.8	7.9	51.9	21.3	27.0
地下径流/mm	13.6	48.2	20.2	27.3	5.7	29.5	15.6	16.9

在河口流域 20170616 场次降雨和北流河流域 20140518 场次降雨中，前期影响雨量、降水量、降水历时接近的情况下，河口流域 20170616 场次产生的洪峰流量为 293m³/s，涨水历时为 12h，延时响应时间为 10h。北流河流域 20140518 场次产生的洪峰流量为 89.4m³/s，涨水历时为 17h，延时响应时间为 9h。河口流域产生的洪峰流量为北流河流域的 3.3 倍，起涨流量到达洪峰流量所需历时较北流河流域少 5h，在经历最大降雨强度后河口流域与北流河流域到达洪峰流量所需时间差异不大。

由表 2-4 可知，在蓄满状态下，岩溶区河口流域的平均涨水历时为 17h，平均延时响应时间为 14h；非岩溶区北流河流域的平均涨水历时为 22h，平均延时响应时间为 13h。相较于北流河流域，在前期影响雨量、降水历时、降水量基本一致

时，岩溶区河口流域从起涨流量到达洪峰流量所需的涨水历时更短，约提前 5h，在经历本次降雨的最大降雨强度后到达洪峰流量的延时响应时间与北流河流域基本相同。以上结果表明流域在蓄满状态下，岩溶区河口流域总体降雨径流响应更快。

由图 2-21 可知，河口、北流河流域总体流量过程线形状差异不大。不同于枯水状态的是，以河口流域 20170704 场次降雨为例，在连续降雨 7h 后流量过程

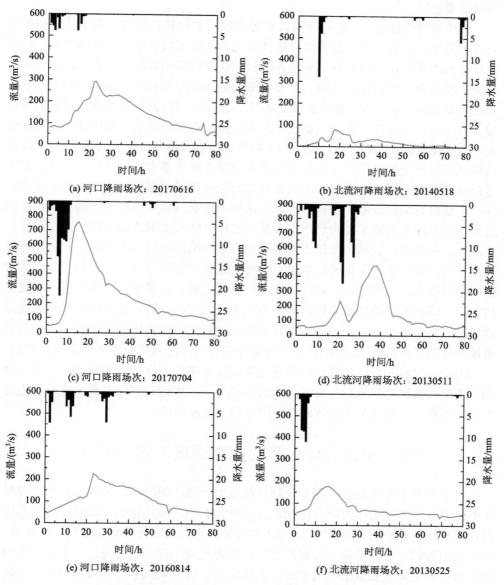

(a) 河口降雨场次：20170616　　　　　　　(b) 北流河降雨场次：20140518

(c) 河口降雨场次：20170704　　　　　　　(d) 北流河降雨场次：20130511

(e) 河口降雨场次：20160814　　　　　　　(f) 北流河降雨场次：20130525

图 2-21　蓄满状态下河口、北流河流域产生的洪峰流量对比图

线便有明显涨幅且涨水速率较快。北流河流域20130511场次降雨在连续降雨12h后流量过程线才出现明显涨幅，且产生的首个较大流量仅为238m³/s，后续降雨才形成洪峰。在前期影响雨量相当，降水量、降水历时等前提条件基本一致的情况下，河口流域的洪峰流量远大于北流河流域，大约为北流河流域的1～3倍，说明岩溶区河口流域在蓄满时，不同于枯水状态，降雨径流响应更快，产生的洪峰流量更大。

郭小娇等[8]通过对岩溶包气带降雨径流响应规律进行研究，发现了降雨径流响应差异主要由岩溶含水层的水分条件引起。岩溶流域各指标对降雨的响应时间在旱季与雨季存在明显差异，旱季各指标的响应时间明显滞后于雨季，降雨径流响应存在显著的降雨阈值效应。本节中降雨径流响应在枯水状态与蓄满状态下也存在明显差异，在旱季（前期5日未降雨），岩溶区河口流域总体降雨径流响应较慢，降雨后产生径流所需时间更长，涨水较慢，但在经历最大强度降雨后响应较快，能够快速达到洪峰流量。表明除土壤外，岩溶区还存在较大的地下蓄水库容，前期降雨几乎全部被截流以满足土壤需求和填充地下蓄水库的空缺，总排泄量不足以形成洪峰，使得降雨前期河口流域降雨径流流量过程线无明显起伏或涨水较慢，出现延迟响应现象。待岩溶地下蓄水库渐渐蓄满趋于饱和达到蓄水阈值，满足地下蓄水库最大蓄水能力后产生大量地表径流才渐渐形成显著的径流，进而形成洪峰。在旱季，岩溶区在经历最大降雨强度后响应较快是由于地下蓄水库得到集中补给，降雨在满足田间持水量后通过管道或大孔隙等直径较大的含水介质快速补给至径流，从而能在较短时间内达到洪峰流量。当蓄满后，地下蓄水库逐渐被填满，降雨产生的径流不再用于填补地下蓄水库的空缺，直接产生径流从而形成洪峰。岩溶地下蓄水库已处于饱和状态，对径流的调蓄作用很微弱，由于岩溶流域特殊的二元结构，发育的管道和裂隙使得岩溶区河口流域降雨径流响应更快。

因此，岩溶含水层调蓄作用是导致降雨径流响应差异的重要因素，体现在前期土壤湿润情况、降水量、延迟响应时间等方面。同时岩溶地下蓄水库库容也存在阈值效应，当降水量达到该阈值后产生快速径流响应。

2.6　降雨径流过程对降雨强度的响应差异

前文分析了在前期影响雨量、降水量近似一致的情况下，岩溶与非岩溶流域在不同状态下的降雨径流响应规律。大量研究表明，降水量和降雨强度是引起降雨径流响应差异的主要因素[9]，由2.3节可知河口、北流河流域在前期影响雨量、降水量相同时，不同的降水历时所产生的洪峰流量不同，因此需进一步探究流域的降雨径流对降雨强度的响应差异。在此之前，需对流域的产流方式和稳定入渗率进行分析和计算。由于流域产流方式处于动态变化中，通常采用综合指标判定流域产流方式。表 2-5 列出了产流方式对比分析的具体内容。表中编号 1～2 属于定量指标，较为容易判断分析；编号 3～5 属于定性的判断指标；编号 6～9 构成综合性的分析内容，应利用上述内容综合分析判断产流方式。

表 2-5　产流方式对比分析

编号	对比分析内容	蓄满产流	超渗产流
1	多年平均降水量	大于 1000mm	小于 400mm
2	多年平均径流系数	大于 0.4	小于 0.2
3	流量过程线不对称系数	大	小
4	降雨强度对产流影响	小	大
5	影响产流因素	初始土壤湿度和降水量	初始土壤湿度和降雨强度
6	表层土质结构	疏松，不易超渗	密实，易超渗
7	缺水量	小，易蓄满	大，不易蓄满
8	地下径流	比例大	比例小
9	产流与径流特征的关系	与降水量关系密切	与降雨强度关系密切

通过斜线分割法、初损后损法、试算法可分析出岩溶与非岩溶地区的稳定入渗率。初损后损法的初损量计算，对于较小的流域而言，汇流时间较短，可将起涨点作为产流的开始时刻。因此，小流域的初损后损量为流量过程线起涨点之前的降水量的累计值，但大流域需考虑各雨量站点至流域出口断面的汇流时间。

平均后损率的计算方法如式（2-1）所示：

$$\bar{f} = \frac{P - R - I_0 - P'}{t - t_0 - t'} \qquad (2\text{-}1)$$

式中，P 为一次降水量，mm；$\bar{f}$ 为平均后损率，mm/h；t、t_0、t' 分别为降雨总历时、初损历时和后期未产流的降水历时，h；P' 为后期未产流的雨量，mm；R 为一次降雨形成的径流量；I_0 为初损量，mm。

稳定入渗率 f_c 可利用实测的降雨径流资料，求出地下径流总量 $\sum RG_{\Delta t}$ 及相应的降雨过程 $P_{\Delta t} \sim t$、蒸散发过程 $E_{\Delta t} \sim t$，并计算相应的产流量过程 $R_{\Delta t} \sim t$，再进行反推。公式如式（2-2）所示：

$$\sum RG_{\Delta t} = \sum_{P_{\Delta t} - E_{\Delta t} \leq f_c \Delta t} \frac{R_{\Delta t}}{P_{\Delta t} - E_{\Delta t}} f_c \Delta t + \sum_{P_{\Delta t} - E_{\Delta t} < f_c \Delta t} R_{\Delta t} \qquad (2\text{-}2)$$

为进一步探究河口、北流河两流域的产流机制，将两流域的降雨径流资料经处理后如表 2-6 所示。

表 2-6　河口、北流河流域降雨径流资料

降雨场次	P/mm	R/mm	i
河口流域			
20130324	28.0	3.3	5.5
20130520	12.5	6.6	2.3
20130616	39.0	19.3	6.9
20140409	40.3	35.8	4.6
20140522	77.3	54.7	15.0
20140720	100.7	63.7	11.0
20151030	52.0	19.4	4.6
20150818	147.3	92.4	20.8
20150620	32.4	25.7	4.3
20160412	40.6	10.8	7.9
20160705	51.9	28.0	6.2
20170514	22.6	20.4	4.3
20170910	11.4	13.8	2.1
20171016	37.4	34.8	2.1
北流河流域			
20130325	24.3	10.3	3.8
20130610	50.2	33.0	7.8
20131110	168.9	44.6	18.7
20140426	66.1	12.5	7.3
20140518	20.0	7.9	3.9
20140915	46.5	11.9	4.8
20150423	11.3	0.5	1.7
20150704	39.5	2.7	6.2
20151112	7.6	7.3	0.6
20160130	16.1	26.3	1.2
20160520	83.2	62.2	11.9
20160802	110.4	32.4	7.1
20170515	21.3	22.7	3.3
20170625	28.4	20.2	5.0

注：表中 P 为一次降雨的降水量，R 为一次降雨的径流深，i 为最大 5h 平均降雨强度。

通过相关分析得到河口流域降水量与径流深的相关系数为 0.8701，降雨强度与径流深的相关系数为 0.7008；北流河流域降水量与径流深的相关系数为 0.4979，

降雨强度与径流深的相关系数为 0.4392。说明河口、北流河两流域相对于降雨强度，降水量与径流深的相关系数更大，关系更密切，对于径流产生的影响更大。

　　由前述岩溶与非岩溶枯水状态、蓄满状态的降雨径流响应分析可知，岩溶区河口流域的地下径流相较于地表径流占比较大，即主要以地下径流为主。岩溶区河口流域总体属于蓄满产流机制，且初始土壤湿度和降水量是影响河口流域产流的主要因素。河口流域流量过程线呈现缓涨缓落的特点，由于旱季基流较小，涨水过程较慢，出现明显的延迟响应现象，大部分降水量较少或降水时间较短场次的前期降雨几乎全部被截流，降雨直接下渗用于补充土壤和岩溶含水系统地下蓄水库的空缺，导致无法形成地表径流。当降水量较大或降水时间较长时，降雨产生地表径流，但产生的时间晚于集中降雨时间，初损后损法将产生地表径流之前的降雨定为初损，这意味着该次降雨只形成少量净雨或完全损失不形成净雨，以致河口流域旱季的稳定入渗率分析存在一定难度。因此本节认为岩溶区河口流域旱季稳定入渗率很大，但利用现有的资料难以准确试算出河口流域旱季的稳定入渗率。通过式（2-1）和式（2-2）试算得到蓄满状态下河口流域的稳定入渗率为 4.957mm/h，北流河流域的稳定入渗率为 2.358mm/h，岩溶区河口流域的稳定入渗率大于非岩溶区北流河流域。

2.6.1　岩溶与非岩溶流域的降雨径流对降雨强度的响应差异

　　为了探讨岩溶与非岩溶流域不同降雨强度对产流的影响，分别选取了两场前期影响雨量、降水量基本一致的降雨场次，观察不同降雨强度对洪峰流量的影响（表 2-7）。

表 2-7　河口、北流河流域不同降雨强度下的降雨场次及其参数

参数	河口			北流河		
	20140604	20180707	平均值	20140718	20140915	平均值
前期影响雨量/mm	42	22	—	45	18	—
降雨历时/h	23	22	23	34	46	40
降水量/mm	68	45	—	67	46	—
最大降雨强度/(mm/h)	19	12	15.5	11	8	9.5
平均降雨强度/(mm/h)	3.0	2.1	2.6	2.0	1.0	1.5
洪峰流量/(m³/s)	368	528	—	297	131	—

在前期影响雨量、降水量基本一致时,河口流域的平均降水历时为 23h,平均最大降雨强度为 15.5mm/h,平均降雨强度为 2.6mm/h。北流河流域的平均降水历时为 40h,平均最大降雨强度为 9.5mm/h,平均降雨强度为 1.5mm/h(表 2-7)。河口流域的降水历时相对较短,平均降雨强度相对较大,产生的洪峰流量约为非岩溶区北流河流域的 1~4 倍。说明降雨强度对两个流域的产流均有一定影响,降雨强度越大,产生的洪峰流量越大。具体降雨径流过程洪峰流量对比如图 2-22 所示。

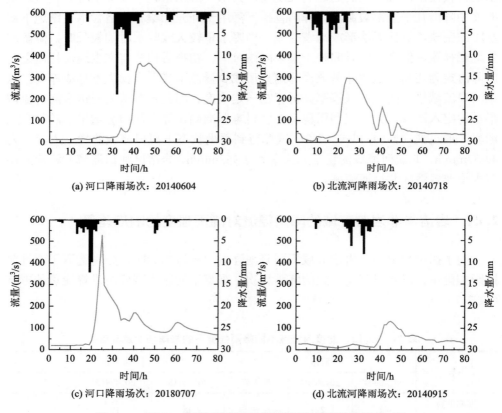

图 2-22　河口、北流河流域不同降雨强度下的洪峰流量对比

2.6.2　岩溶流域的降雨径流对降雨强度的响应分析

上述结果表明在前期影响雨量、降水量基本一致时,降雨强度对两个流域的产流都有一定影响,即降雨强度越大的流域产生的洪峰流量越大,但岩溶区河口的产流过程对降雨强度的具体响应关系仍不明晰。为进一步探讨这一问题,从河口流域选取 6 场具有对比性的降雨场次,如表 2-8 所示。

表 2-8   河口流域不同降雨强度下的降雨场次及其参数

流域	降雨场次	前期影响雨量/mm	降雨历时/h	降水量/mm	最大降雨强度/(mm/h)	平均降雨强度/(mm/h)	洪峰流量/(m³/s)
河口	20170616	42	22	21	4	1.0	293
	20180907	39	29	20	5	0.7	91.1
	20160611	82	18	58	6	3.2	322
	20130824	83	31	57	9	1.8	173
	20140522	20	14	77	35	5.5	434
	20141106	16	30	75	7	2.5	209

根据中国气象局颁布的降雨强度等级划分标准（24h 降水量），在以上降雨场次中，平均降雨强度介于 0.7～5.5mm/h，最大降雨强度可达 35mm/h，降雨强度类型为中雨、大雨、暴雨、大暴雨，分布合理。由河口流域自身降雨场次对比可知，降雨强度对岩溶区河口流域产流的影响与前述分析一致，即降雨强度对岩溶流域产流影响显著，具体影响为在前期影响雨量、降水量等条件基本一致时，降雨强度越大的降雨场次产生的洪峰流量越大，降雨强度较大的降雨场次产生的洪峰流量约为降雨强度较小的降雨场次的 1.9～3.2 倍。具体降雨径流过程如图 2-23 所示。

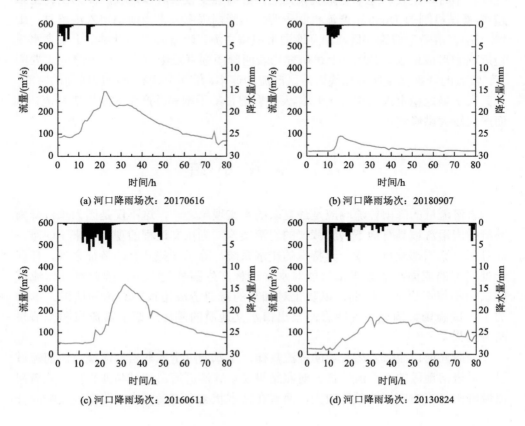

(a) 河口降雨场次：20170616

(b) 河口降雨场次：20180907

(c) 河口降雨场次：20160611

(d) 河口降雨场次：20130824

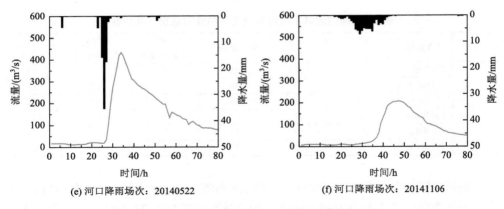

(e) 河口降雨场次：20140522　　　　　　(f) 河口降雨场次：20141106

图 2-23　河口流域不同降雨强度下的洪峰流量对比图

郑伟和王中美[10]对岩溶土壤侵蚀的研究表明，降雨强度越大，产流越迅速。王升等[11]在研究降雨强度对岩溶地区的产流影响中发现产流起始时间随着降雨强度的增大而缩短，降雨强度越小，地表径流所占比例越小。甘艺贤等[12]认为降雨强度较小时，主要以地下空隙流失为主，降雨强度较大时以地表产流为主。主张超渗-蓄满机制的 Dunton 产流机制表明：当降雨强度大于当地稳定入渗率时，土壤-表层岩溶带形成饱和区，相互连通形成壤中流，随着降雨的继续，土壤含水量趋近饱和形成地表径流[2]。上述研究均表明降雨强度是影响岩溶区产流的重要因素，较大的降雨强度能够加快岩溶区产流的速率，缩短降雨径流响应所需的时间，当其大于当地稳定入渗率时，土壤-表层岩溶带趋于饱和并产生大量地表径流，从而产生较大洪峰流量。

2.7　本 章 小 结

岩溶流域的降雨径流响应是最复杂的水文现象之一，这不仅是因为承接降雨补给的岩溶流域具有地下的隐藏式的岩溶结构，为水文过程的观测带来了困难，而且每个流域都发育形成一套特殊的排水系统，除了一些共有的特征之外，任何一处局部的或微小的差异都可能对水文过程产生强烈的作用，因此对具体流域的认识不得不更加地仔细，以防止对细节的疏忽造成错误的结论和认识。本章的丫吉试验场案例充分说明岩溶泉出口水文地质的差异造成了常流泉和季节泉两种结果。

为研究河口流域岩溶流域的径流规律，本章通过引入非岩溶流域北流河流域以凸显岩溶地区的产汇流特征。对照结果显示岩溶区河口流域与非岩溶区北流河流域降雨径流响应规律差异较大，两者在枯水状态和蓄满状态的降雨径流响应分析中呈现出不同的特征。主要是由于除土壤外，岩溶区还存在较大地下蓄水库容，前期降雨几乎全部被截流以满足土壤需求和填充地下蓄水库的空缺，导致总排泄量不足以形成洪峰，因此降雨前期河口流域流量过程线无明显起伏或涨水较慢，待岩溶含水系统地下蓄水库渐渐蓄满趋于饱和达到蓄水阈值，满足地下蓄水库最大蓄水能力后产生大量地表径流才渐渐形成显著的径流，进而形成洪峰。待地下蓄水库逐渐被填满，对径流的调蓄作用很微弱，降雨产生的径流不再用于填补地下蓄水库的空缺，直接产生径流从而形成洪峰，由于岩溶流域特殊的二元结构，发育的管道和裂隙能够快速补给，使得岩溶区河口流域降雨径流响应更快。降雨强度对流域的降雨径流产生的影响的分析结果表明，降雨强度是影响岩溶区产流的重要因素，无论是岩溶区还是非岩溶区，降雨强度越大，产生的洪峰流量越大。当降雨强度大于当地稳定入渗率时，产生大量地表径流，从而形成较大洪峰。

参 考 文 献

[1] Wang F, Chen H S, Lian J J, et al. Hydrological response of karst stream to precipitation variation recognized through the quantitative separation of runoff components[J]. Science of the Total Environment, 2020, 748: 142483.

[2] Wang S, Fu Z, Chen H S, et al. Mechanisms of surface and subsurface runoff generation in subtropical soil-epikarst systems: Implications of rainfall simulation experiments on karst slope[J]. Journal of Hydrology, 2020, 580: 124370.

[3] 王亚飞. 粗质地土壤前期含水量对模拟降雨过程中入渗-产流的影响[D]. 北京: 中国科学院研究生院（教育部水土保持与生态环境研究中心）, 2016.

[4] Sheffer N A, Cohen M, Morin E, et al. Integrated cave drip monitoring for epikarst recharge estimation in a dry Mediterranean area, Sif Cave, Israel[J]. Hydrological Processes, 2011, 25 (18): 2837-2845.

[5] 常勇. 裂隙-管道二元结构的岩溶泉水文过程分析与模拟[D]. 南京: 南京大学, 2015.

[6] 黄秀凤. 坡心地下河流域岩溶内涝成因分析与防治对策[J]. 安全与环境工程, 2014, 21 (6): 42-46.

[7] 季怀松, 罗明明, 褚学伟, 等. 岩溶洼地内涝蓄水量与不同级次裂隙对溶质迁移影响的室内实验与模拟[J]. 地质科技通报, 2020, 39 (5): 164-172.

[8] 郭小娇, 龚晓萍, 袁道先, 等. 典型岩溶包气带洞穴滴水水文过程研究[J]. 地球学报, 2017, 38 (4): 537-548.

[9] Li G J, Rubinato M, Wan L, et al. Preliminary characterization of underground hydrological processes under multiple rainfall conditions and rocky desertification degrees in karst regions of southwest China[J]. Water, 2020, 12 (2): 594.

[10] 郑伟, 王中美. 贵州喀斯特地区降雨强度对土壤侵蚀特征的影响[J]. 水土保持研究, 2016, 23 (6): 333-339.

[11] 王升, 包小怀, 容莹, 等. 降雨强度对西南喀斯特坡地土壤水分及产流特征的影响[J]. 农业现代化研究, 2020, 41 (5): 889-898.

[12] 甘艺贤, 戴全厚, 伏文兵, 等. 基于模拟降雨试验的喀斯特坡耕地土壤侵蚀特征[J]. 应用生态学报, 2016, 27 (9): 2754-2760.

第 3 章　岩溶流域气候变化特征及水文响应

3.1　引　　言

近年来，气候变化及人类活动成为主导水循环过程的主要因素[1, 2]。受全球变暖影响，气候变化导致降雨时空分布不均匀并造成极端气候事件时有发生[3]。除此之外，不同形式的人类活动直接改变流域地表特征从而影响水文循环过程，包括陆面蒸发、入渗率、地表径流等[4]。环境变化引起的水文响应加重了水文模拟的不确定性，从而增加水文管理决策的难度。

岩溶流域的水文特征与非岩溶流域之间存在明显差异，具有表层土壤薄、渗透率强、持水性差等特点[5, 6]。作为典型的生态脆弱区，岩溶流域对环境变化高度敏感，在长期、高强度人类活动影响下遭受严重的石漠化。中国西南地区是世界上最大的岩溶地貌连续出露的地区之一，岩溶地下水为近 1 亿人口提供淡水资源。干旱和洪水的频繁发生严重威胁着当地的生态稳定和人民生命财产安全。过度的土地开发加速了石漠化的蔓延，从而加剧当地贫困状况[7]。为了缓解人类活动对这些地区生态系统的负面影响，自 20 世纪以来，中国西南岩溶流域已开展大规模生态恢复计划[8]。在这种情况下，分离和量化气候变化和土地特征对径流的贡献，对于加强对岩溶流域水文机制的理解和提高预测生态脆弱地区未来趋势的准确性至关重要[9]。

3.2　材料与方法

3.2.1　岩溶流域概况

选取分布于中国西南地区的 8 个子流域探究环境变化下岩溶流域的径流响应。8 个子流域分别为资湘江（ZXJ）流域（将资江和湘江合称为资湘江）、柳江（LJ）流域、桂贺江（GHJ）流域、红水河（HSH）流域、黔浔江（QXJ）流域、右江（YJ）流域、左江（ZJ）流域及桂南诸江（GNZJ）流域，覆盖广西壮族自治区、贵州省南部及云南省东南部。研究区为山地、丘陵、盆地地貌，海拔高度波动范围为–158～1092m，由西南方向向东南方向倾斜。中部和南部地区多为平原和丘陵，平均坡度为 1.82°。山地和高原地区主要分布在西北和东北部。可溶性碳酸盐岩主要分布在中部、西部及西北部，总面积约为 $11.97 \times 10^4 \text{km}^2$，占总面积的 35.6%。受亚热带湿润气候影响，研究区年均降水量和年均潜在蒸散发约为 1585.7mm 和 1499.3mm，其中，85.6% 和 78.8% 的降水量和蒸散发发生在 4～10 月份。年均气温为 20.9℃，平均最高（28.0℃）和最低（11.6℃）气温分别发生在 7 月和 1 月。

3.2.2　数据收集

利用研究区内 20 个气象站收集研究区 1960～2016 年的日气象数据，包括降雨、气温、风速、气压、日照时间和相对湿度等。年地表径流数据由广西壮族自治区水文中心提供。利用彭曼（Penman）公式和气象数据计算日潜在蒸散发[10]：

$$ET_0 = \frac{\Delta}{\Delta + \gamma}(R_n - G) + \frac{\gamma}{\Delta + \gamma}0.26(1 + 0.54\,u_2)(e_s - e_a) \tag{3-1}$$

式中，ET_0 为估算的潜在蒸散发，mm/d；γ 为湿度计常数，约为 0.067kPa/℃；Δ 为饱和水汽压与温度关系曲线的斜率，kPa/℃；R_n 和 G 分别为净辐射和土壤热通量，MJ/(m²·d)；u_2 为 2m 处的风速，m/s；e_s 和 e_a 分别为饱和水汽压和实际水汽压，kPa。计算获得的日值可累计得到年潜在蒸散发。

2000～2016 年归一化植被指数（NDVI）可由 MODIS 遥感数据 MOD13A2 反演获得，空间分辨率为 1km。1982～2015 年的 NDVI 可由 GIMMS 遥感数据反演获取，空间分辨率为 1/12°（～8km）。将 MODIS-NDVI 和 GIMMS-NDVI 比值作为修正因子，从而提高 1982～1999 年 GIMMS-NDVI 数值的精度。

空间分辨率为 90m 的数字高程模型（digital elevation model，DEM）在 http://srtm.csi.cgiar.org/ 下载，并利用 DEM 数据提取 8 个子流域的边界。利用地质图提取碳酸盐岩分布情况，并结合地理信息系统（GIS）绘制研究区的下垫面条件及水文气候要素的时空分布特征。

3.2.3　趋势分析及突变点检验

曼-肯德尔算法（Mann-Kendall method）被广泛应用于长时间水文气候要素的趋势分析[11-13]。对于样本数量为 m 的时间序列，验证统计量 S 计算公式为

$$S = \sum_{i=i}^{m-1}\sum_{j=i+1}^{m} \text{sgn}(x_i - x_j) \tag{3-2}$$

式中，x_i 和 x_j 分别为第 i 年和第 j 年的序列数据（$x_i \neq x_j$）。当（$x_i - x_j$）计算结果为负、零或正时，$\text{sgn}(x_i - x_j)$ 分别等于 –1、0 或 1。标准化验证统计量 Z 计算公式为

$$Z = \begin{cases} \dfrac{S-1}{\sqrt{\mathrm{Var}(S)}}, & S > 0 \\ \quad 0, & S = 0 \\ \dfrac{S+1}{\sqrt{\mathrm{Var}(S)}}, & S < 0 \end{cases} \tag{3-3}$$

Z 的正（负）值表示趋势的上升（下降）趋势。当 Z 绝对值超过 1.28、1.64 或 2.32 时趋势分析结果超过 10%、5%或 1%的显著性水平[14]。

非参数 Pettitt 检验用于检测序列数据的突变点，并为归因分析提供合理的周期划分[15, 16]。统计量计算公式为

$$U_{t,n} = U_{t-1,n} + \sum_{j=1}^{n} \mathrm{sgn}(x_i - x_j), \quad (t = 2, 3, \cdots, n) \tag{3-4}$$

$$k_t = \max_{1 \leqslant t \leqslant n} |U_{t,n}| \tag{3-5}$$

$$p = 2\exp\left(-\frac{k_t^2}{n^3 + n^2}\right) \tag{3-6}$$

当 $p < 0.5$ 时，第 t 年为时间序列的突变年且通过 95%的显著性检验。具体计算方法见参考文献[17]。

3.2.4 径流变化归因分析

苏联气象学家布德科（Budyko）在对流域进行长期观测后发现，流域的实际蒸散发 ET 由有效水量（通常表示为降水量 P）和能量补给（通常表示为潜在蒸散发 ET_0）之间的平衡决定[18]。在 Budyko 假设中，蒸散发比（实际蒸散发与降水量的比值，$\dfrac{ET}{P}$）可表达为干旱指数（潜在蒸散发与降水量的比值，$\dfrac{ET_0}{P}$）的函数，一般形式为

$$\frac{ET}{P} = f\left(\frac{ET_0}{P}\right) \tag{3-7}$$

然而，原始 Budyko 方程重点关注气候因素对流域蒸散发的影响，忽略了不同流域之间陆面地表特征差异对水量分配的影响。Choudhury-Yang 公式通过引用参数 n 表征陆面地表特征对蒸散发的影响[19, 20]：

$$ET = \frac{P \times ET_0}{(P^n + ET_0{}^n)^{1/n}} \tag{3-8}$$

本节将研究期（1960～2016 年）划分为 8 个阶段，分别为 1960～1966 年、1967～1973 年、1974～1980 年、1981～1987 年、1988～1994 年、1995～2001 年、2002～2008 年和 2009～2016 年，并在每个阶段水储量变化可忽略不计的条件下利用多年水量平衡计算各子流域、各阶段的年均径流量（R）：

$$R = P - ET \tag{3-9}$$

因此，径流量可表示为关于 ET_0、P 和 n 的方程：

$$R = P - \frac{P \times ET_0}{(P^n + ET_0{}^n)^{1/n}} \tag{3-10}$$

弹性系数被广泛应用于水文研究中的归因分析[9, 21]。基于式（3-9），弹性系数可表达为

$$S_{ET_0} = \frac{\partial R}{\partial ET_0} \frac{ET_0}{R} \tag{3-11}$$

$$S_P = \frac{\partial R}{\partial P} \frac{P}{R} \tag{3-12}$$

$$S_n = \frac{\partial R}{\partial n} \frac{n}{R} \tag{3-13}$$

式中，S_{ET_0}、S_P 和 S_n 分别是径流关于 ET_0、P 和 n 的径流系数；$\dfrac{\partial R}{\partial ET_0}$、$\dfrac{\partial R}{\partial P}$ 和 $\dfrac{\partial R}{\partial n}$ 分别反映 ET_0、P 和 n 对径流的相对影响[22]。径流变化可进一步划分为三个部分[16, 23]：

$$\Delta R = \frac{\partial R}{\partial ET_0} \Delta ET_0 + \frac{\partial R}{\partial P} \Delta P + \frac{\partial R}{\partial n} \Delta n \tag{3-14}$$

$$\Delta R_{ET_0} = \frac{\partial R}{\partial ET_0} \Delta ET_0 \tag{3-15}$$

$$\Delta R_P = \frac{\partial R}{\partial P} \Delta P \tag{3-16}$$

$$\Delta R_n = \frac{\partial R}{\partial n} \Delta n \tag{3-17}$$

式中，ΔR、ΔET_0、ΔP 和 Δn 分别表示 R、ET_0、P 和 n 的变化量。各影响因素对径流变化的相对贡献率由式（3-18）～式（3-21）计算：

$$R_{C_{ET_0}} = \frac{\Delta R_{ET_0}}{\Delta R} \times 100 \tag{3-18}$$

$$R_{C_P} = \frac{\Delta R_P}{\Delta R} \times 100 \tag{3-19}$$

$$R_{C_n} = \frac{\Delta R_n}{\Delta R} \times 100 \qquad (3\text{-}20)$$

$$R_{C_{clim}} = R_{C_P} + R_{C_{ET_0}} \qquad (3\text{-}21)$$

式中，$R_{C_{ET_0}}$、R_{C_P} 和 R_{C_n} 分别为 ET_0、P 和 n 对径流变化的贡献率，%；$R_{C_{cilm}}$ 为气候因素的贡献率，包括降水量和潜在蒸散发的影响。

3.3　岩溶流域径流变化归因分析

3.3.1　水文气象要素时空变化规律

利用 GIS 结合空间插值可以清晰地描绘研究区降水量和潜在蒸散发的空间异质性。全流域的年均降水量和年均潜在蒸散发分别在 950～2300mm 和 900～1300mm 波动。最大降水量出现在南部沿海地区，最大蒸散发出现在西部地区。Mann-Kendall 趋势检验法结果显示，8 个子流域的潜在蒸散发在 1960～2016 年呈现明显的下降趋势，降雨和径流出现频率均在右江、左江和桂南诸江流域呈现轻微下降趋势，其余流域呈现上升趋势（表 3-1）。柳江、桂贺江、红水河、黔浔江和左江流域径流突变年发生在 1992 年左右，其余流域突变年发生在 2002 年左右。

表 3-1　1960～2016 年各子流域潜在蒸散发、降雨和径流趋势分析及突变点检验结果

流域	面积/km²	年均/mm			Z			趋势			p	径流突变年
		ET_0	P	R	ET_0	P	R	ET_0	P	R		
ZXJ	7 453.1	1 039.9	1 692.3	1 149.8	−3.47	0.74	1.57	↓***	↑ns	↑*	0.42	2002 年
LJ	70 646.2	1 025.6	1 638.3	986.5	−4.19	0.32	1.47	↓***	↑ns	↑*	0.08	1992 年
GHJ	32 672.1	1 020.5	1 730.6	1 061.4	−3.44	1	1.36	↓***	↑ns	↑*	0.20	1991 年
HSH	53 364.5	1 009.3	1 450.9	724.8	−2.16	0.59	1.32	↓***	↑ns	↑*	0.02	1992 年
QXJ	57 310.3	1 069.4	1 596.6	720.4	−3.7	0.57	2.21	↓***	↑ns	↑**	0.01	1993 年
YJ	46 647.3	1 031.6	1 283.8	459.6	−4.07	−0.63	−1.37	↓***	↓ns	↓	0.21	2003 年
ZJ	38 591.0	1 047.8	1 391.0	646.5	−4.19	−0.37	−1.52	↓***	↓ns	↓*	0.06	1993 年
GNZJ	29 995.2	1 152.1	1 902.2	1 062.2	−3.72	−0.99	−1.27	↓***	↓ns	↓*	0.30	2002 年

注：↑（↓）表示上升（下降）趋势；*、**和***分别表示通过显著性水平为 10%、5%和 1%的趋势检验；"ns"表示没有显著变化趋势。

3.3.2　基于布德科假设的径流归因分析

为验证 Budyko 假设在岩溶流域的适应性，首先绘制各子流域 ET/P 和 ET_0/P 的关系曲线（图 3-1）。对于 8 个子流域，数据点均落在 Budyko 曲线附近，说明 Budyko 方程能较好地描述岩溶流域水量分配过程。岩溶流域参数 n 在 0.80～2.17 波动，平均值为 1.40。在同等气候条件下，参数 n 越大，水量分配过程中 ET 占比越高。

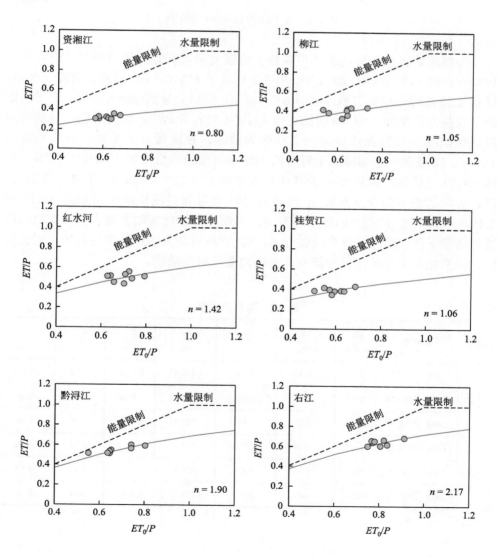

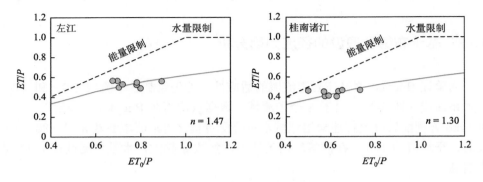

图 3-1 各子流域 Budyko 曲线图

为提高敏感性分析结果的可靠性，将研究期重新划分为 1960～1979 年、1980～1999 年和 2000～2016 年。表 3-2 展示了 ET_0（或 n）与 R 的负相关关系，以及 P 和 R 的正相关关系，说明 ET_0（或 n）增加会导致径流量下降，P 增加则会导致径流量增加。$\partial R/\partial n$ 的绝对值大于 $\partial R/\partial ET_0$ 和 $\partial R/\partial P$ 的绝对值，说明岩溶流域径流变化对陆面地表特征变化更为敏感。径流量对降水量的弹性系数在 1.28～2.22 波动，表明降水量每增加 10%会导致径流量增加 12.8%～22.2%。径流量对潜在蒸散发和参数 n 的弹性系数分别在–1.21～–0.28 和–0.59～–0.28 波动，表明潜在蒸散发或参数 n 每增加 10%会导致径流量减少 2.8%～12.1%或 2.8%～5.9%。S_n 的绝对值逐阶段减少，表明径流变化对陆面地表特征变化的敏感性逐渐下降。通过观察全流域可知，ET_0/P 相对较大的地区弹性系数绝对值较大，说明相对干旱的地区径流变化对环境变化更为敏感。

表 3-2 弹性系数表

流域	研究期	$\dfrac{ET_0}{P}$	$\dfrac{\partial R}{\partial ET_0}$	$\dfrac{\partial R}{\partial P}$	$\dfrac{\partial R}{\partial n}$	S_{ET_0}	S_P	S_n
ZXJ	1960～1979 年	0.64	–0.30	0.86	–585.57	–0.28	1.28	–0.41
	1980～1999 年	0.62	–0.31	0.87	–595.54	–0.28	1.29	–0.40
	2000～2016 年	0.58	–0.33	0.88	–545.35	–0.28	1.28	–0.38
LJ	1960～1979 年	0.67	–0.38	0.83	–387.84	–0.45	1.44	–0.45
	1980～1999 年	0.64	–0.36	0.85	–456.24	–0.37	1.36	–0.43
	2000～2016 年	0.56	–0.46	0.87	–314.25	–0.43	1.44	–0.36

续表

流域	研究期	$\dfrac{ET_0}{P}$	$\dfrac{\partial R}{\partial ET_0}$	$\dfrac{\partial R}{\partial P}$	$\dfrac{\partial R}{\partial n}$	S_{ET_0}	S_P	S_n
GHJ	1960～1979 年	0.63	−0.39	0.85	−402.93	−0.41	1.40	−0.42
	1980～1999 年	0.59	−0.40	0.86	−414.83	−0.38	1.38	−0.39
	2000～2016 年	0.54	−0.48	0.88	−311.15	−0.43	1.44	−0.34
HSH	1960～1979 年	0.74	−0.38	0.80	−319.36	−0.54	1.53	−0.51
	1980～1999 年	0.70	−0.47	0.81	−211.83	−0.68	1.67	−0.46
	2000～2016 年	0.64	−0.54	0.84	−162.66	−0.71	1.71	−0.39
QXJ	1960～1979 年	0.72	−0.52	0.80	−158.68	−0.91	1.91	−0.46
	1980～1999 年	0.68	−0.50	0.82	−199.20	−0.75	1.76	−0.44
	2000～2016 年	0.60	−0.60	0.86	−148.12	−0.80	1.81	−0.35
YJ	1960～1979 年	0.85	−0.48	0.73	−106.61	−0.98	1.98	−0.53
	1980～1999 年	0.78	−0.52	0.77	−103.06	−1.15	2.15	−0.52
	2000～2016 年	0.77	−0.55	0.77	−87.58	−1.21	2.22	−0.49
ZJ	1960～1979 年	0.83	−0.36	0.77	−293.56	−0.63	1.62	−0.59
	1980～1999 年	0.74	−0.43	0.79	−231.15	−0.67	1.66	−0.51
	2000～2016 年	0.68	−0.55	0.82	−131.76	−0.86	1.86	−0.41
GNZJ	1960～1979 年	0.66	−0.41	0.83	−394.94	−0.49	1.48	−0.44
	1980～1999 年	0.61	−0.47	0.85	−324.69	−0.50	1.49	−0.39
	2000～2016 年	0.54	−0.62	0.88	−174.02	−0.62	1.63	−0.28

　　根据子流域径流突变年结果，将研究阶段分为前、后期并进行归因分析（表 3-3）。观察结果可知，资湘江、柳江、桂贺江和黔浔江流域径流变化的主导因素为气候因素，贡献率为 74.1%～109.6%，陆面地表特征变化的贡献率仅为 −9.6%～25.9%。红水河流域气候因素的贡献率达到 260.7%，陆面地表特征的贡献率为−160.7%。在右江、左江和桂南诸江流域，陆面地表特征的贡献率波动范围为 85.2%～195.2%，气候因素的贡献率为−95.2%～14.9%。

表 3-3　各流域径流变化归因分析表

流域	研究期	R/mm	ET_0/mm	P/mm	n	ΔR/mm	ΔET_0/mm	ΔP/mm	Δn/mm	$R_{C_{ET_0}}$/%	R_{C_P}/%	R_{C_n}/%	$R_{C_{clim}}$/%
ZXJ	1960~2002年	1132.5	1047.0	1680.1	0.80	—	—	—	—	—	—	—	—
	2003~2016年	1378.5	945.9	1854.2	0.69	246.0	−101.0	174.1	−0.11	12.7	61.4	25.9	74.1
LJ	1960~1992年	919.7	1081.3	1587.5	1.06	—	—	—	—	—	—	—	—
	1993~2016年	1078.3	948.9	1708.3	1.03	158.6	−132.4	120.8	−0.04	30.8	60.7	8.5	91.5
GHJ	1960~1992年	994.3	1049.3	1656.8	1.07	—	—	—	—	—	—	—	—
	1993~2016年	1147.2	983.8	1825.1	1.08	153.0	−65.5	168.3	0.02	16.6	87.3	−3.9	103.9
HSH	1960~1992年	694.6	1057.7	1416.4	1.37	—	—	—	—	—	—	—	—
	1993~2016年	766.2	942.7	1498.5	1.72	71.6	−115.0	82.1	0.35	116.7	144.0	−160.7	260.7
QXJ	1960~1992年	677.6	1119.5	1552.9	1.76	—	—	—	—	—	—	—	—
	1993~2016年	783.5	995.4	1661.3	1.84	105.9	−124.0	108.4	0.08	46.9	62.7	−9.6	109.6
YJ	1960~1992年	474.0	1054.1	1301.3	2.09	—	—	—	—	—	—	—	—
	1993~2016年	411.1	955.4	1224.4	2.54	−62.9	−98.7	−76.9	0.45	−81.2	96.1	85.2	14.9
ZJ	1960~1992年	684.3	1110.7	1411.7	1.33	—	—	—	—	—	—	—	—
	1993~2016年	613.3	991.2	1372.4	1.69	−71.0	−119.5	−39.3	0.36	−89.8	53.4	136.4	−36.4
GNZJ	1960~1992年	1077.9	1192.3	1904.2	1.24	—	—	—	—	—	—	—	—
	1993~2016年	1014.0	1028.4	1896.1	1.76	−63.9	−163.9	−8.1	0.52	−104.1	8.8	195.2	−95.2

3.4 陆面地表特征变化

3.4.1 人类活动影响

Budyko 方程参数 n 主要反映陆面地表特征对流域水量分配过程的综合影响，包括植被覆盖度、地形坡度、土壤特性等特征。由于流域地形坡度和土壤特性的长期变化相对稳定，植被覆盖度（一般用 NDVI 表示）成为反映流域地表特征时间动态变化的主要因素。趋势分析及突变点检测结果显示，全流域的 NDVI 呈现显著上升趋势（$Z = 3.24$）且自 1995 年起持续增长（图 3-2a），均值由 0.53（1982～1994 年）增长至 0.56（1995～2016 年）。这一变化主要由人类活动引起。为控制西南地区石漠化现象的扩张，已于 20 世纪 80 年代开展全面管理和落实发展战略[8]。由于人类活动的干扰，植被覆盖度的增长亦提高了冠层截留和植被蒸腾，造成流域径流量减少，同时造成流域 Budyko 参数 n 的增加（图 3-2b）。n 与 NDVI 之间的线性关系可表示为

$$n = 15.08 \times \text{NDVI} - 6.74 \tag{3-22}$$

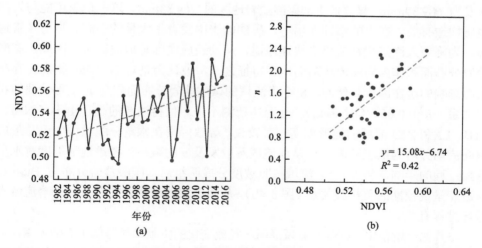

图 3-2 （a）1982～2016 年全流域 NDVI 变化趋势；（b）参数 n 与 NDVI 的拟合关系

图中虚线为方程拟合线

利用式（3-22）估算 n 并结合 Choudhury-Yang 方程可较好地模拟岩溶流域径流（图 3-3）。

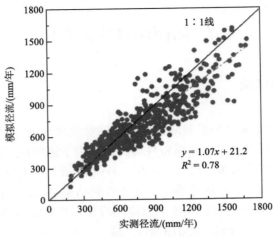

图 3-3　实测与模拟径流对比图

图中虚线为方程拟合线

3.4.2　碳酸盐岩对流域水循环的影响

利用 Penman-Monteith-Leuning V2（PML_V2）遥感产品反演研究区 2003～2016 年的实际蒸散发并利用 GIS 绘制蒸散发空间分布图。碳酸盐岩地区的年均蒸散发为 689.39mm，显著低于非碳酸盐岩地区的 764.33mm。这一现象可能与岩溶地质构造有关。在水的溶蚀作用下，碳酸盐岩中发育了大量的裂隙、裂缝及管道等，为降雨入渗形成径流提供快速通道，从而造成实际蒸散发减少。因此，碳酸盐岩分布面积作为岩溶流域陆面地表特征之一，被认为是对 Budyko 参数 n 存在负面影响的潜在因素。然而，8 个子流域的碳酸盐岩分布面积与 n 呈现较弱的相关关系（$R^2 = 0.05$）（图 3-4a），与上述猜测不符。值得注意的是，由于 GNZJ、GHJ、LJ 和 ZXJ 流域的地形坡度相对较大，导致降雨在水量分配过程中更易形成侧向流动并转为地表径流[24]，从而造成蒸散发及 n 的减小。考虑地形坡度对水量分配过程的影响，将 8 个子流域按照坡度分成两组后，碳酸盐岩分布与 Budyko 参数 n 呈现预期的负相关关系（图 3-4b），从而证实碳酸盐岩的分布与岩溶流域水循环过程有关。

与其他流域相比，GNZJ 流域降雨对径流变化的贡献率显著低于其他流域，这可能也与碳酸盐岩的分布有关。碳酸盐岩中发育了大量的裂隙、裂缝和管道等地质构造，使得径流对降雨响应迅速且二者之间产生频繁的水量交换，并放大岩溶流域降雨对径流变化的影响。GNZJ 流域碳酸盐岩分布面积仅占总面积的 5%，植被覆盖度的显著增加直接影响当地的水量分配过程，从而凸显陆面地表特征对径流变化的主导作用。在未来的研究中，将继续探讨岩溶流域水文过程的影响因素。

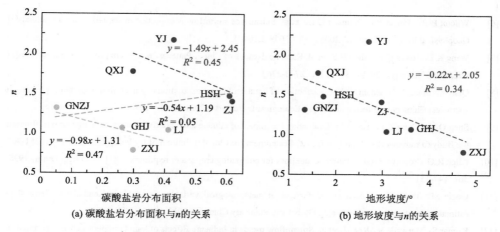

图 3-4　各子流域碳酸盐岩分布面积及地形坡度与 n 关系图

3.5　本 章 小 结

本章基于 Budyko 框架，利用 1960～2016 年中国西南地区 8 个典型子流域的数据，识别、量化了环境因子对径流变化的贡献，并探讨了包括降水量和潜在蒸散发在内的气候因子的时空变化。研究结果显示，研究期 8 个子流域的年均潜在蒸散发均呈现下降趋势；5 个子流域的年均径流量呈现显著增加趋势，其余子流域呈下降趋势，且与年均降雨变化趋势保持一致。岩溶流域径流变化对流域陆面地表特征变化最为敏感，其次是降水量和潜在蒸散发。作为地表属性的主要动态因素，NDVI 的增加引起了 Budyko 参数 n 的持续增长，且二者之间呈现显著线性关系。由于裂隙、裂缝及管道等地质构造的存在，碳酸盐岩的分布也影响岩溶流域降雨的水量分配，因此成为影响岩溶流域水循环过程的地表因素之一。

参 考 文 献

[1]　Barriopedro D，Gouveia C M，Trigo R M，et al. The 2009/10 drought in China：Possible causes and impacts on vegetation[J]. Journal of Hydrometeorology，2012，13（4）：1251-1267.

[2]　Bronstert A，Niehoff D，Bürger G. Effects of climate and land-use change on storm runoff generation：Present knowledge and modelling capabilities[J]. Hydrological Processes，2002，16（2）：509-529.

[3]　Kliment Z，Matoušková M. Runoff changes in the Šumava Mountains（black forest）and the foothill regions：Extent of influence by human impact and climate change[J]. Water Resources Management，2009，23：1813-1834.

[4]　Rust W，Corstanje R，Holman I P，et al. Detecting land use and land management influences on catchment hydrology by modelling and wavelets[J]. Journal of Hydrology，2014，517：378-389.

[5]　Hartmann A，Goldscheider N，Wagener T，et al. Karst water resources in a changing world：Review of hydrological modeling approaches[J]. Reviews of Geophysics，2014，52（3）：218-242.

[6]　Wilcox B P, Taucer P I, Munster C L, et al. Subsurface stormflow is important in semiarid karst shrublands[J]. Geophysical Research Letters, 2008, 35 (10): L10403.

[7]　Wang K L, Zhang C H, Chen H S, et al. Karst landscapes of China: Patterns, ecosystem processes and services[J]. Landscape Ecology, 2019, 34 (12): 2743-2763.

[8]　Qiao Y, Jiang Y J, Zhang C Y. Contribution of karst ecological restoration engineering to vegetation greening in southwest China during recent decade[J]. Ecological Indicators, 2021, 121: 107081.

[9]　Shen Q N, Cong Z T, Lei H M. Evaluating the impact of climate and underlying surface change on runoff within the Budyko framework: A study across 224 catchments in China[J]. Journal of Hydrology, 2017, 554: 251-262.

[10]　Allen R G. Crop evapotranspiration: Guidelines for computing crop water requirements[J]. FAO Irrig Drain, 1998, 56: 147-151.

[11]　Gocic M, Trajkovic S. Analysis of changes in meteorological variables using Mann-Kendall and Sen's slope estimator statistical tests in Serbia[J]. Global and Planetary Change, 2013, 100: 172-182.

[12]　Kumar S, Merwade V, Kam J, et al. Streamflow trends in Indiana: Effects of long term persistence, precipitation and subsurface drains[J]. Journal of Hydrology, 2009, 374 (1-2): 171-183.

[13]　Thapa S, Li B, Fu D L, et al. Trend analysis of climatic variables and their relation to snow cover and water availability in the central Himalayas: A case study of Langtang basin, Nepal[J]. Theoretical and Applied Climatology, 2020, 140: 891-903.

[14]　Wang F, Shao W, Yu H J, et al. Re-evaluation of the power of the Mann-Kendall test for detecting monotonic trends in hydrometeorological time series[J]. Frontiers in Earth Science, 2020, 8: 14.

[15]　He G H, Zhao Y, Wang J H, et al. Attribution analysis based on Budyko hypothesis for land evapotranspiration change in the Loess Plateau, China[J]. Journal of Arid Land, 2019, 11 (6): 939-953.

[16]　Meng C C, Zhang H L, Wang Y J, et al. Contribution analysis of the spatial-temporal changes in streamflow in a typical elevation transitional watershed of southwest China over the past six decades[J]. Forests, 2019, 10 (6): 495.

[17]　Pettitt A N. A non-parametric approach to the change-point problem[J]. Journal of the Royal Statistical Society. Series C (Applied Statistics), 1979, 28 (2): 126-135.

[18]　Budyko M I .Climate and life[M]. California: Academic Press, 1974.

[19]　Choudhury B J. Evaluation of an empirical equation for annual evaporation using field observations and results from a biophysical model[J]. Journal of Hydrology, 1999, 216 (1-2): 99-110.

[20]　Yang H B, Yang D W, Lei Z D, et al. New analytical derivation of the mean annual water-energy balance equation[J]. Water Resources Research, 2008, 44 (3): W03410.

[21]　Sankarasubramanian A, Vogel R M, Limbrunner J F. Climate elasticity of streamflow in the United States[J]. Water Resources Research, 2001, 37 (6): 1771-1781.

[22]　Han S J, Hu H P, Yang D W, et al. Irrigation impact on annual water balance of the oases in Tarim basin, northwest China[J]. Hydrological Processes, 2011, 25 (2): 167-174.

[23]　Xu X Y, Yang D W, Yang H B, et al. Attribution analysis based on the Budyko hypothesis for detecting the dominant cause of runoff decline in Haihe basin[J]. Journal of Hydrology, 2014, 510: 530-540.

[24]　Xu X L, Liu W, Scanlon B R, et al. Local and global factors controlling water-energy balances within the Budyko framework[J]. Geophysical Research Letters, 2013, 40 (23): 6123-6129.

第4章 岩溶水源划分

4.1 引　言

岩溶流域水文地质结构复杂，一直以来都是学者探究岩溶水文地质的重点和难点。为了合理开展评估岩溶水文地质参数的工作，并且对水资源的管理和保护进行相关科学研究，认识岩溶含水系统中的水源组分是一项重中之重的任务。因此，水源划分在探究岩溶含水系统中扮演着重要角色。

水源划分的方法作为研究岩溶含水系统的重要手段，不但可以提高水文模型对流量过程的模拟精度，了解地表水、地下水分配与转化关系，还可以为水资源规划与开发提供重要依据。由于岩溶流域普遍存在快速地下径流，具有快补、快排的地表水动态特征，因此，针对岩溶区特定的条件与水源径流特征，对其规划与开发利用应采取与慢速地下径流不同的方式，并由此提出比较符合实际的水源划分方法。

4.2　水源信息跟踪分析

水源信息跟踪是分析水源组合关系、正确划分水源的一条重要途径。在岩溶水循环中，各种离子的含量（如碳酸根、钙、镁、氯等离子），水的物理性质（如水温、电导率），水中的悬移质、微生物具有在时间上随流量变化，在空间上随条件而分布的规律。岩溶泉水中的电导率的变化可以清晰地反映系统中不同性质的水的贡献率。电导率在国外研究得较为完善，比如，来自河流漏失的水、分散入渗的水和存贮在裂隙-基质中的水的比例[1]。早在20世纪70年代，电导率或硬度的变异系数（coefficient of variation，CV；定义为标准差和平均数的比值）被认为可以划分含水层的类型，进而了解地下水系统的流动或补给类型。硬度的变异系数可用于划分岩溶泉是受扩散流或管道流控制的，然而这种方法会对岩溶化程度高但受分散流控制的泉水造成误判。以往研究发现大部分岩溶含水系统的电导率频率不是正态分布，而是多峰的[2]。因此，利用电导率频率分布（conductance frequency distributions，CFDs）来刻画含水层不同来源的水的贡献可能更准确和有效[3]。数据按照一定规则分为若干小组，落在各个小组内的数据个数（频数）与数据总数的比值叫作频率，通过频数和频率的大小可知每个范围内数据出现次数的多少，即频率分布[4]。电导率频率分布取决于水的来源和滞留时间，不同的峰反映不同质的水流经系统的能力和每一种类型的水的平均电导率[5]。CFDs 划分可辨识不同来源的水对泉水的贡献比例，也可表示不同地方的岩溶发育程度[2]。

进行分区水化学、物理因子监测与集总径流中各离子含量的比较分析，可判断不同分区的水源在总径流过程线上的分配。通过对孤立暴雨期岩溶区与非岩溶区及泉口的水化学、电导率、含沙量及流量系统测验，判断流量起涨第一阶段是被岩溶区快速补给而推出来的原管道水，含较高钙离子浓度及水温；第二阶段洪峰来自下游岩溶快速流，其电导率、微生物发生明显变化；第三阶段根据悬移质含量增加，推断为上游非岩溶区地表水。上述应用岩溶地球化学方法清晰展示各水源在总径流过程线上的分配。当然对于多种地貌组合，在多个水文系统互补时，其水源在总径流过程线上的分配要复杂得多，不应该按照特定的离子含量比例识别水源的划分。当水源混合时，根据水化学方法难以识别具体水源类型。

此外，还可通过水化学分析研究碳酸盐岩管道水与裂隙水的互补关系。如广西桂林丫吉村岩溶水文地质试验场，当降水量小于 30mm 时，虽有小的洪水过程，但钙离子浓度无明显变化，说明降雨入渗补给主要是裂隙水；当降水量达 60mm 时，出现溶洼点补给，钙离子浓度迅速下降，由管道排洪。洪峰在前，最高地下水位与最低离子浓度滞后，退水段，离子浓度回升，显示含水层管道水快速充蓄，补给裂隙水，管道流量水位回落，裂隙水补给管道水的互补过程[6]。

另外，也有学者采用水化学、同位素示踪方法，根据离子浓度变化定量评价水源关系，对于复杂的地下水文网，示踪剂不一定能均匀而充分混合，同时存在离子被吸附，在洞穴滞留等现象，从而造成测算结果的不稳定性。对于利用同位素示踪和水化学的方法划分水源的研究，我国相关科研发展迅速。1996 年，袁道先等[7]建立了 S31 岩溶泉系统的物理模型，降雨补给在表层岩溶带转化为 3 类径流：第一类是裂隙渗流；第二类为管道流；第三类为表层岩溶带管道流转化的地表径流。在大雨或者暴雨时，洼地中出现不经过表层岩溶带的地表径流，它直接注入落水洞。1998 年，刘再华等[8]以桂林岩溶试验场和陕西渔洞河两个观测站为例，分析了我国南、北方土壤 CO_2 的动态、差异及其对岩溶作用的驱动规律，进一步结合气候条件（气温、降水）等的分析，揭示了南、北方岩溶发育差异的根源。1999 年，刘再华等[9]通过对日本 Akiyosh-idai 高原和桂林岩溶试验场分析，得出岩溶动力系统水化学动态变化规律主要受稀释效应、水动力效应（扩散边界层效应）和 CO_2 效应控制的结论。2003 年，刘再华等[10]利用多参数自动记录仪对桂林岩溶试验场的降水量、水位、水温、pH 和电导率进行了监测，结果发现，岩溶裂隙水在洪水期间 pH 呈降低趋势，而电导率呈升高趋势的不寻常变化。与此相反，对于岩溶管道水，同样是在洪水期间，它的 pH 是升高的，而电导率呈正常的降低。2011 年，姜光辉等[11]通过暴雨中的野外观测，确认了桂林丫吉试验场

S31 泉岩溶水文系统中多种径流形式：表层岩溶带管道流、回归流、坡面流和壤中流。从水化学特征方面将径流分为 2 类，并且认为它们构成了系统出口洪水的 2 个主要来源。在此基础上利用水化学方法计算出 S31 岩溶泉洪水时的径流构成。分析结果表明，在暴雨的情形下，由大气 P_{CO_2} 环境产生形成的岩溶水的比例占到泉水总量的 70%，进一步证明了快速流在岩溶水中的重要作用。2012 年，姜光辉和郭芳[12]通过获取研究区汇水范围内的岩溶泉、钻孔、表层岩溶泉旱季及雨季的水化学资料，并且在 $CaCO_3$-CO_2-H_2O 平衡体系中区分不同出露形式的岩溶水的水化学成因，基于环境同位素分析证明，研究区域中雨水的 δ^2H 和 $\delta^{18}O$ 同位素存在季节效应和高程效应，地下水中同位素的变化被混合作用削弱，其平均值接近于夏季雨水的同位素组成，表明研究地区的降雨入渗补给主要发生在夏季。自 21 世纪以来，我国通过同位素和水化学方法探究水文地质学的研究取得了很大发展，但尚未形成系统化、标准化的学科，在技术上主要引用国外同位素技术，自主创新的成果还较少。我们要进一步通过学术交流平台，增强行业学术研究提高同位素水文地质学水平，为我国水文地质学科的发展作出贡献。

4.3　径流特征分析

4.3.1　流量衰退曲线

衰退曲线也叫退水曲线，其体现了流域在降雨后所储存水量的消退过程，通常用于流量过程线的分割及不同水源的划分。其中，衰退系数是反映岩溶含水层特征最重要的参数之一，不同的衰退系数反映了不同水力传导率的流态，分析衰退曲线有助于描述并判别岩溶含水层及管网的发育程度。岩溶流域二元性地质构造（裂隙、裂缝、管道）导致当地洪水具有多重径流组分，主要包括直接径流、快速地下径流和慢速地下径流。由于不同含水介质内退水流速不同，岩溶流域退水过程根据其主要控制成分可划分为三个阶段，分别是直接径流退水阶段、快速地下径流退水阶段和慢速地下径流退水阶段。各阶段流量退水过程可具体采用分段 Maillet 方程模拟[13, 14]：

$$Q_t = \begin{cases} Q_1 e^{-\alpha_1 t}, & 0 \leq t \leq t_1 \\ Q_2 e^{-\alpha_2 t}, & t_1 < t \leq t_2 \\ Q_3 e^{-\alpha_3 t}, & t_2 < t \leq t_3 \end{cases} \qquad (4\text{-}1)$$

式中，Q_1、Q_2、Q_3 分别表示直接径流退水阶段、快速地下径流退水阶段、慢速地下径流退水阶段的起始流量，m^3/s；α_1、α_2、α_3 分别表示直接径流退水阶段、快速地下径流退水阶段、慢速地下径流退水阶段的衰退系数；t_1、t_2、t_3 分别表示直接径流退水阶段、快速地下径流退水阶段、慢速地下径流退水阶段的终止时刻。

　　流量衰退曲线是流域蓄水量的消退过程线，对某一流域而言，地下径流退水过程比较稳定。因此在确定岩溶流域退水阶段时，首先描绘各场次洪水的衰退过程线，并逐次将每场洪水的衰退过程线左右移动，使各场次洪水衰退曲线尾部尽量重合，作光滑的下包线后即可确定该流域的拟合地下径流衰退曲线。通过水平移动拟合地下径流衰退曲线使其与各场次洪水实际流量衰退曲线尾部重合，两者的交点确定为各场次洪水的直接径流退水阶段的终止时刻 t_1，该时刻后产生的退水曲线定义为场次洪水地下径流退水阶段衰退曲线。在半对数坐标系上作流量衰退过程线 $\ln Q \sim t$，将地下径流退水阶段衰退曲线的拐点确定为快速地下径流退水阶段的终止时刻 t_2，从而分离快速地下径流退水阶段和慢速地下径流退水阶段（图 4-1）。

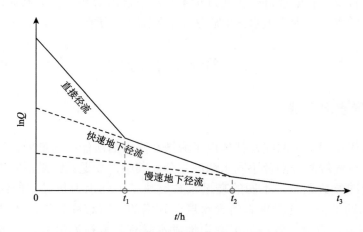

图 4-1　岩溶流域退水过程线示意图

　　在退水第一阶段（$0 \sim t_1$），洪水径流组分包括直接径流、快速地下径流、慢速地下径流；在退水第二阶段（$t_1 \sim t_2$），洪水径流组分包括快速地下径流和慢速地下径流；在退水第三阶段（$t_2 \sim t_3$），洪水径流组分仅包含慢速地下径流。各径流组分流量随时间变化的关系式如下：

$$
\begin{aligned}
Q_d &= Q_1 \mathrm{e}^{-\alpha_1 t} - Q_2 \mathrm{e}^{-\alpha_2 t}, & 0 \leqslant t \leqslant t_1 \\
Q_r &= Q_2 \mathrm{e}^{-\alpha_2 t} - Q_3 \mathrm{e}^{-\alpha_3 t}, & t_1 \leqslant t \leqslant t_2 \\
Q_s &= Q_3 \mathrm{e}^{-\alpha_3 t}, & t_2 \leqslant t \leqslant t_3
\end{aligned}
\tag{4-2}
$$

式中，Q_d、Q_r 和 Q_s 分别表示直接径流、快速地下径流和慢速地下径流在 t 时刻的流量（单位：$\mathrm{m^3/s}$）。

4.3.2　表层岩溶带蓄水容量分析

中国西南岩溶区广阔发育的岩溶地貌，其丰富的岩溶介质使得地下水储存空间和储水能力有着巨大的潜力，研究岩溶"地下蓄水库"对地表的调蓄能力具有广泛的科学和社会意义[15]。尹伟璐[16]采用软件分析和物理勘探相结合的方式定量分析出地下含水层的储水能力。Paiva 和 Cunha[17]在没有钻孔和直接观测点的情况下，采用基于岩溶含水层主出水口的自然响应研究方法，将整个径流过程视为黑箱，将时间序列分析和降水天数作为输入、流量数据作为输出，通过考虑水温和电导率的日变化，分析岩溶含水层的响应并确认了含水层的巨大储水能力。徐冲越等[84]将研究区概括为一个等效多孔介质模型，利用前人的经验和官方数据确定初始水文地质参数，并通过试验调整参数，计算得到研究区的地下水蓄存体积，定量评价了该地下蓄水库容。Jakada 等[14]利用水文衰退曲线分析来描述岩溶含水层的特征，整合衰退曲线并确定岩溶和非岩溶地区的地下水蓄水容量，对确保可持续的水资源管理具有关键意义，试图引起人们对于岩溶含水层的持水能力的关注。以上方法能够精确计算出地下水的蓄水容量，但其计算方法对于构建水文模型来说过于复杂，对于基本资料、仪器专业性要求和成本需求较高，在岩溶地区应用较为困难。因此利用对流量衰退曲线积分的方法计算岩溶区地下蓄水库容，能够在成本小、计算简便的基础上计算出目标结果。流量衰退过程中各径流组分的释水体积可表示为[14]：

$$V_d = \int_0^{t_1} (Q_1 e^{-\alpha_1 t} - Q_2 e^{-\alpha_2 t}) dt$$

$$V_r = \int_0^{t_2} (Q_2 e^{-\alpha_2 t} - Q_3 e^{-\alpha_3 t}) dt \qquad (4\text{-}3)$$

$$V_s = \int_0^{t_3} (Q_3 e^{-\alpha_3 t}) dt$$

式中，V_d、V_r、V_s 分别表示直接径流、快速地下径流、慢速地下径流的释放水量，m^3。因此，岩溶流域表层岩溶带蓄水能力（V）及每个衰退过程蓄水量（$V_i, i = d, r, s$）占总蓄水量的比值（K_i）可计算为

$$V = V_r + V_s \qquad (4\text{-}4)$$

$$K_i = \frac{V_i}{V_0} \qquad (4\text{-}5)$$

$$V_0 = V_d + V_r + V_s \qquad (4\text{-}6)$$

4.3.3 丫吉试验场流量衰退过程

降雨停止后岩溶泉即进入流量衰退阶段（图 4-2）。岩溶水存储在管道或裂隙构成的多重介质中，各种介质之间的连通关系较为复杂，开始时岩溶流域处于蓄水饱和状态，存储于管道或者洞穴中的水首先释放出来，并在较短的时间内完成。随后与管道联系密切的细小裂隙中的水重新占据了腾出的管道空间，并紧随其后释放。

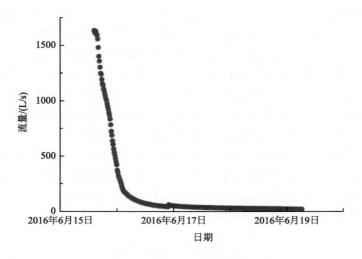

图 4-2　S31 岩溶泉一次流量衰退曲线

由指数方程拟合衰退曲线得到分段式的流量衰退方程 $Q(t)$。本次流量衰退过程持续了 88.25h，分为 3 个阶段，衰退系数分别为 0.174h^{-1}、0.079h^{-1}、0.021h^{-1}。衰退方程表示为

$$Q_t = \begin{cases} 1633.5\mathrm{e}^{-0.174t}, & 0 \leqslant t \leqslant 12.25 \\ 191.2\mathrm{e}^{-0.079t}, & 12.25 < t \leqslant 31.75 \\ 61.1\mathrm{e}^{-0.021t}, & 31.75 < t \leqslant 88.25 \end{cases} \qquad (4-7)$$

岩溶泉流量衰减呈现先快后慢的过程，可以分为第一、第二、第三等多个亚动态。丫吉试验场的岩溶泉流量衰退过程中，第一亚动态排泄水量达到 60%～70%，远远大于其余时段，表明管道流占优势，排水初期水量储存在裂隙、管道、溶洞中，进入快速流动通道。按照日步长计算，S31 岩溶泉首日（24h 内）流量降

幅达到 65%。由裂隙释放的水量在第二和第三亚动态逐渐增多，但水量不如第一亚动态丰富。在 20160407 场次降雨事件中，岩溶泉排水总量用长度单位表示（径流深）为 20mm，其中第一亚动态表示的管道排水量为 12mm，第二亚动态代表的裂隙排水量为 8mm（表 4-1）。径流深的概念不能等同于管道的尺寸，但能够帮助建立一个形象化的概念，表示流域范围内岩溶管道平均高度能够达到这样的水平。第一亚动态排水量超过其余亚动态，能够说明岩溶流域内管道的储水能力强于裂隙。上述是丫吉试验场岩溶含水介质的特点。

表 4-1　S31 泉含水介质空间体积及分配关系

降雨场次	排水总量	第一亚动态		第二亚动态		第三亚动态	
	V/mm	V_1/mm	K_1/%	V_2/mm	K_2/%	V_3/mm	K_3/%
20160407	20	12	60	8	40	—	—
20160412	38	17	45	15	40	6	15
20160417	35	25	70	6	17	4	13

4.3.4　岩溶流域地下水库容计算

根据 4.3.1 节衰退曲线划分方法得到河口、北流河流域的衰退曲线，如图 4-3 所示。

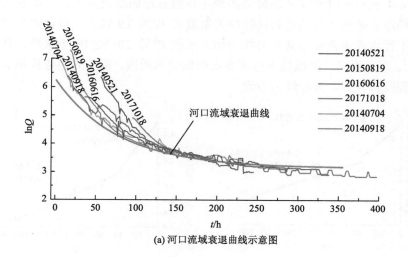

(a) 河口流域衰退曲线示意图

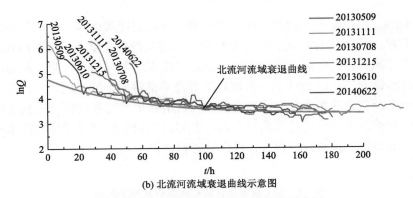

(b) 北流河流域衰退曲线示意图

图 4-3　河口、北流河流域衰退曲线示意图

衰退系数是反映岩溶含水层特征最重要的参数之一，不同的衰退系数反映了具有不同水力传导率的流态，分析衰退曲线有助于识别含水层的岩溶程度[18, 19]。在水文分析中，习惯用半对数图来表示衰退曲线，流量半对数为纵坐标，时间为横坐标，一个完整的水文衰退过程可能由多个衰退阶段叠加。本节研究对象为概念性水文模型，不涉及地表径流衰退系数的相关分析，只针对地下径流进行退水分析。利用衰退曲线将地表径流进行分割后，对地下径流流量过程线进行线性拟合和一元回归分析，使拟合曲线与实测衰退曲线相关系数最大，从而得到快速地下径流和慢速地下径流的衰退系数。

根据 2013~2020 年流量资料，选择 8 场受前、后期影响较小的典型单峰洪水，根据水流流态，将河口流域地下径流分为 2 部分，即快速地下径流、慢速地下径流，北流河流域不对地下径流进行划分。

图 4-4 表示河口流域 8 场降雨的地下径流衰退曲线及分段。结果表明，第一段地下径流衰退曲线与其趋势线的相关系数 R^2 均为 0.9 以上，拟合效果较好。第二段地下径流衰退曲线与其趋势线的相关系数 R^2 除 20150819 场次外，其余均为 0.9 以上。可见将河口流域地下径流衰退曲线分为两段，每段的趋势线和实际曲线的拟合程度都较好，分段较为合理。

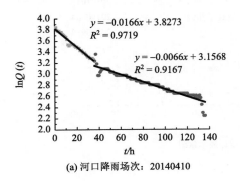

(a) 河口降雨场次：20140410

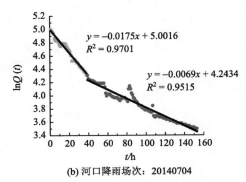

(b) 河口降雨场次：20140704

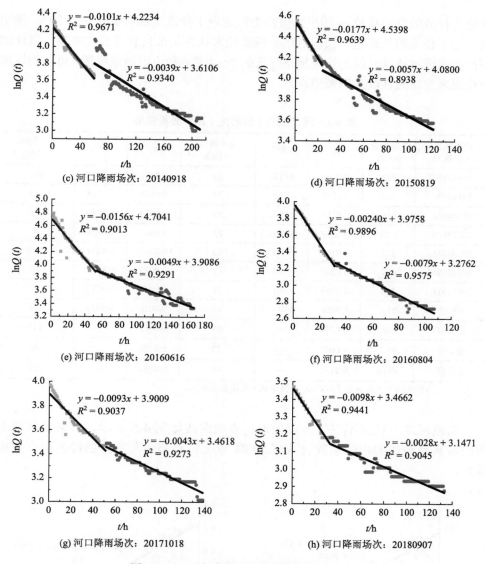

图 4-4　河口流域地下径流衰退曲线及分段

表 4-2 为河口流域 8 场降雨地下径流的衰退系数及消退时间。可以看出河口流域 8 场降雨中，洪峰流量范围为 91.1～1030m³/s，包含大、中、小洪水，分布均匀。快速地下径流的衰退系数 α_2 的最大值为 0.0240，最小值为 0.0093，平均值为 0.0151；退水持续时间最长为 59h，最短为 23h，退水持续时间平均为 40h。慢速地下径流的衰退系数 α_3 的最大值为 0.0079，最小值为 0.0028，平均值为 0.0054；退水持续时间最长为 136h，最短为 76h，退水持续时间平均为 104h。河口流域快

速地下径流的衰退系数 α_2 的平均值约为慢速地下径流衰退系数 α_3 的 2.8 倍,表明快速地下径流的消退速率快,这部分径流通常认为是来自管道或大裂隙。慢速地下径流的退水持续时间是快速地下径流的 2～4 倍,径流消退速率慢,可认为这部分径流来自渗透性较差的裂隙。

表 4-2　河口流域(岩溶区)退水分析结果

降雨场次 (参数)	洪峰流量/ (m^3/s)	α_2	R^2	退水持续 时间/h	α_3	R^2	退水持续 时间/h
20140410	280	0.0166	0.9719	35	0.0066	0.9167	101
20140704	758	0.0175	0.9701	38	0.0069	0.9515	115
20140918	458	0.0101	0.9671	59	0.0039	0.9340	136
20150819	1030	0.0177	0.9639	23	0.0057	0.8938	98
20160616	235	0.0156	0.9013	52	0.0049	0.9291	115
20160804	107	0.0240	0.9896	31	0.0079	0.9575	76
20171018	110	0.0093	0.9037	51	0.0043	0.9273	88
20180907	91.1	0.0098	0.9441	32	0.0028	0.9045	101
最大值	1030	0.0240	——	59	0.0079	——	136
最小值	91.1	0.0093	——	23	0.0028	——	76
平均值	383.6	0.0151	——	40	0.0054	——	104

注: α_2 为快速地下径流衰退系数, α_3 为慢速地下径流衰退系数。

北流河地下径流不进行分段处理,衰退曲线如图 4-5 所示。结果显示衰退曲线与其趋势线的相关系数 R^2 均在 0.84 以上,趋势线与实际曲线的拟合效果较好。

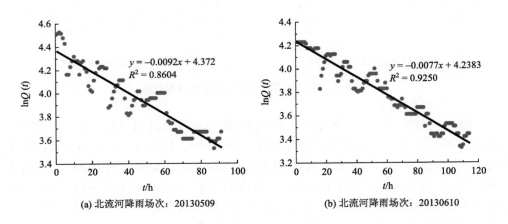

(a) 北流河降雨场次:20130509　　　　(b) 北流河降雨场次:20130610

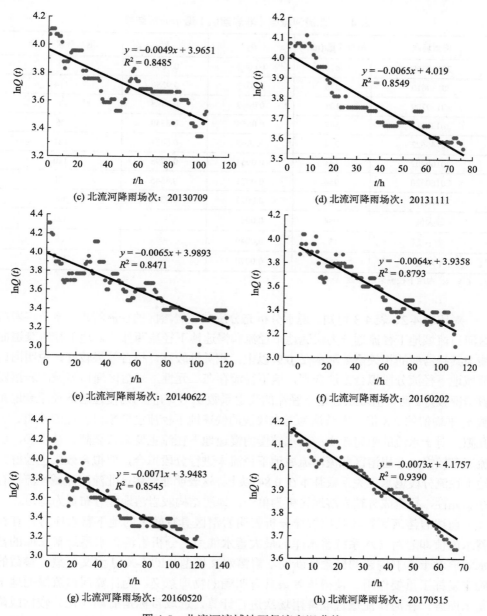

$$y = -0.0049x + 3.9651$$
$$R^2 = 0.8485$$

(c) 北流河降雨场次：20130709

$$y = -0.0065x + 4.019$$
$$R^2 = 0.8549$$

(d) 北流河降雨场次：20131111

$$y = -0.0065x + 3.9893$$
$$R^2 = 0.8471$$

(e) 北流河降雨场次：20140622

$$y = -0.0064x + 3.9358$$
$$R^2 = 0.8793$$

(f) 北流河降雨场次：20160202

$$y = -0.0071x + 3.9483$$
$$R^2 = 0.8545$$

(g) 北流河降雨场次：20160520

$$y = -0.0073x + 4.1757$$
$$R^2 = 0.9390$$

(h) 北流河降雨场次：20170515

图 4-5　北流河流域地下径流衰退曲线

表 4-3 展示了北流河流域地下径流的衰退系数及退水持续时间等。在北流河流域 8 场洪水中，洪峰流量范围为 131~954m³/s，包含大、中、小洪水，分布均匀。地下径流的衰退系数的最大值为 0.0092，最小值为 0.0049，平均值为 0.0070，退水持续时间最长为 121h，最短为 68h，退水持续时间平均为 101h。

表 4-3 北流河流域（非岩溶区）退水分析结果

降雨场次	洪峰流量/(m³/s)	α_2	R^2	退水持续时间/h
20130509	478	0.0092	0.8604	91
20130610	278	0.0077	0.9250	114
20130709	131	0.0049	0.8485	105
20131111	547	0.0065	0.8549	76
20140622	224	0.0065	0.8471	121
20160202	144	0.0064	0.8793	110
20160520	954	0.0071	0.8545	120
20170515	180	0.0073	0.9390	68
最大值	954	0.0092	—	121
最小值	131	0.0049	—	68
平均值	367	0.0070	—	101

注：α_2 为地下径流衰退系数。

对比表 4-2、表 4-3 可知，退水分析充分反映了岩溶区的径流特点。本节将岩溶区河口流域地下径流划分为快速地下径流和慢速地下径流两部分，地下径流衰退曲线与其趋势线的相关系数基本在 0.9 以上，相关性较高，拟合效果较好，说明河口流域地下径流分段拟合方法合理，地下径流存在二元性，岩溶区河口流域的岩溶发育情况较好。河口流域快速地下径流的衰退系数 α_2 平均值约为慢速地下径流衰退系数 α_3 平均值的 2.8 倍，本节认为退水较快的快速地下径流主要来自发达的管道、大孔隙，对于水流的阻碍较少；退水较慢的慢速地下径流主要来自裂隙、基质等，出流速率较慢。非岩溶区北流河流域地下径流未进行分段拟合，但拟合效果也较好，地下径流分段退水相关系数基本在 0.84 以上。这表明非岩溶区北流河流域径流不存在二元性，径流成分较岩溶地区更为单一，地质结构较岩溶地区分布更为均匀。

前述岩溶流域径流响应规律分析表明岩溶区具有较大的地下蓄水库容，存在蓄水阈值即岩溶含水系统蓄水库的最大蓄水能力。分析岩溶含水系统蓄水库的蓄水阈值对于本书构建的概念性新安江岩溶水文模型（ICK-XAJ 水文模型）参数的确定发挥了重要作用，使得该参数具有明确的物理意义。为计算河口流域的地下蓄水库容，在河口流域选取降雨场次进行计算，选取目标是前期（7d）较枯或降水量少、流量过程线无明显涨伏，退水过程中无降雨等外部条件输入或少量降雨不足以影响退水过程，选择不同量级的降雨场次按照式（4-1）～式（4-3）进行蓄水量计算。将 24h 降水总量分为三个等级，即降水量小于 32.9mm 为小雨—大雨，降水量在 33.0～74.9mm 为大雨—暴雨，降水量大于 75mm 以上为暴雨及以上。计算结果如表 4-4 所示。

表 4-4　河口流域不同降雨强度下的蓄水量计算

洪水场次	降雨强度等级	前期影响雨量/mm	降雨量/mm	洪峰流量/(m³/s)	$\alpha_2/(\times10^{-2})$	t_2/h	V_2/m³	R_2/mm	$\alpha_3/(\times10^{-2})$	t_3/h	V_3/m³	R_3/mm	V_t/m³	R_t/mm	$\dfrac{KG}{SF}$	$\dfrac{KG}{SF}$ 平均值
20140426	小雨—大雨	11.5	15.1	306	1.46	96	1352.38	4.7	0.97	181	1952.91	6.7	3305.29	11.4	0.41	0.17
20140828		49.3	28.4	112	1.19	73	251.49	0.9	0.52	132	3097.32	10.6	3348.81	11.5	0.08	
20171018		24.2	13.6	110	0.93	79	768.48	2.6	0.43	167	3905.81	13.5	4674.29	16.1	0.16	
20180907		54	20.2	91.1	0.98	65	115.76	0.4	0.28	166	3202.62	11.0	3318.38	11.4	0.03	
20130509	大雨—暴雨	30.8	43.7	182	3.32	53	1043.96	3.6	1.22	129	1577.82	5.4	2621.78	9.0	0.40	0.14
20140410		22.8	42.3	280	1.66	79	492.45	1.7	0.66	180	2696.42	9.3	3188.87	11.0	0.15	
20140620		27.5	44.8	144	0.76	97	303.96	1.0	0.46	171	3567.66	11.3	3571.62	12.3	0.09	
20160901		17.9	63.7	202	0.91	76	493.75	1.7	0.31	176	3047.26	10.5	3541.01	12.2	0.14	
20160909		0	60.7	149	1.34	62	34.74	0.1	0.40	176	3398.79	11.7	3433.53	11.8	0.01	
20180611		25.4	50.2	220	1.02	90	296.21	1.0	0.44	210	3385.43	11.7	3681.64	12.7	0.08	
20150819	暴雨及以上	61	150.4	1030	1.77	71	85.28	0.3	0.57	168	6275.13	21.6	6360.41	21.9	0.01	0.08
20161020		0	93.5	56.9	1.03	57	268.00	0.9	0.42	158	1697.52	5.9	1956.52	6.8	0.14	

注：表中只针对地下径流的退水量计算，α_2、t_2、V_2 分别为退水第二阶段快速地下径流的衰退系数、第二阶段退水结束时刻（即积分上限）、第二阶段的退水总体积，α_3、t_3、V_3 分别为退水第三阶段慢速地下径流的衰退系数、第三阶段退水结束时刻、第三阶段的退水总体积，R_3 为第三阶段退水量换算为径流深的值。其中，$V_t=V_2+V_3$，$R_t=R_2+R_3$。

根据表 4-4 中计算结果，将降雨场次按照降雨强度划分为三个等级，小雨—大雨、大雨—暴雨、暴雨及以上，选取的降雨场次洪峰流量分布在 56.9～1030m³/s，分布合理。退水第二阶段的总退水体积介于 34.74～1352.38m³，将其换算成径流深约为 0.1～5mm，若将这部分水量视为岩溶含水系统的蓄水能力，则不符合前文的分析结果：岩溶地区具有较大的地下蓄水库容。而第二、三阶段的退水体积总和为 1956.52～6360.41m³，换算成径流深约为 6.8～21.9mm。因此本节认为前述分析中提及的岩溶含水系统地下蓄水库容指的是来自于流量衰退第二、三阶段退水的蓄水总和，即来自于管道和裂隙的水量，定义为降雨经过土壤吸收后形成的径流中用于填充岩溶管道、裂隙的水量。

通过比较第二阶段退水体积和第二、三阶段退水体积总和，发现在整个流量衰退过程中水量主要来自退水第三阶段，约占总退水体积的 59%～99%，表明裂隙为主要的储水介质，能够储存大量的水，在整个岩溶含水系统中起到重要的储水释水作用。ICK-XAJ 水文模型中蓄水能力 KWM 为图 4-6 中 R_t（圆点）的值，由 KWM 分布图可知，在三种降雨强度类型分布中，KWM 集中分布在 11～13mm。表明在河口流域河口断面以上地区的岩溶地下蓄水库容约为 11～13mm，该值可为 ICK-XAJ 水文模型参数确定提供参考。

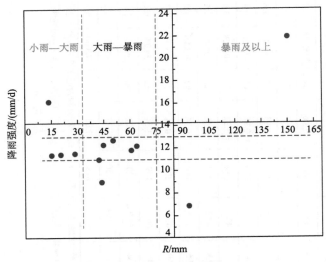

图 4-6　KWM 分布图

4.4　本 章 小 结

本章介绍了岩溶水源划分的主要方法，并重点介绍流量的衰退分析和地下蓄水库容的计算。利用改进后的 Maillet 模型对流量衰退曲线进行分段拟合，计算各退水阶段的衰退系数，在此基础上对衰退曲线进行分段积分，得到各退水阶段的退水总量，从而计算出岩溶含水系统的蓄水能力。

在流量衰退规律分析中，本章将岩溶地区流量过程线分为地表径流、快速地下径流、慢速地下径流，非岩溶地区分为地表径流与地下径流，非岩溶地区虽未对地下径流分段拟合，但拟合效果仍较好。表明岩溶区地下径流具有二元性，岩溶发育显著，地质构造较非岩溶地区更为复杂。流量衰退曲线积分计算表明，裂隙为岩溶地区主要的储水介质，退水量占总退水体积的 59%～99%，河口流域的蓄水库容约为 11～13mm，可为模型参数确定提供参考。

参 考 文 献

[1] White W B. Conceptual models for karstic aquifers[J]. Karst Modeling，1999，5：11-16.

[2] 郭芳，姜光辉，刘绍华，等. 利用泉水电导率频率分布辨别岩溶含水系统的水源组分[J]. 水科学进展，2018，29（2）：245.

[3] Minvielle S，Lastennet R，Denis A，et al. Characterization of karst systems using SIc-Pco2 method coupled with PCA and frequency distribution analysis. Application to karst systems in the Vaucluse county（southeastern France）[J]. Environmental Earth Sciences，2015，74：7593-7604.

[4] Mudarra M，Andreo B . Relative importance of the saturated and the unsaturated zones in the hydrogeological functioning of karst aquifers：The case of Alta Cadena（southern Spain）[J]. Journal of Hydrology，2011，397（3-4）：263-280.

[5] 黄荣，王发，陈洪松，等. 不同类型表层岩溶泉水源划分及对降雨的响应[J]. 水文，2022，42（3）：20-26.

[6] 袁道先，蔡桂鸿. 岩溶环境学[M]. 重庆：重庆出版社，1988.

[7] 袁道先，戴爱德，蔡五田，等. 中国南方裸露型岩溶峰丛山区岩溶水系统及其数学模型的研究[M]. 桂林：广西师范大学出版社，1996.

[8] 刘再华，何师意，袁道先，等. 土壤中的 CO_2 及其对岩溶作用的驱动[J]. 水文地质工程地质，1998，34（4）：42-45.

[9] 刘再华，袁道先，何师意. 岩溶动力系统水化学动态变化规律分析[J]. 中国岩溶，1999，18（2）：103-108.

[10] 刘再华，袁道先，姜光辉，等. 水-岩-气相互作用引起的水化学动态变化研究：以桂林岩溶试验场为例[J]. 水文地质工程地质，2003，30（4）：13-18.

[11] 姜光辉，于爽，常勇. 利用水化学方法识别岩溶水文系统中的径流[J]. 吉林大学学报（地球科学版），2011，41（5）：1535-1541.

[12] 姜光辉，郭芳. 利用 GIS 水化学和同位素方法判断灵水来源[J]. 水资源保护，2012，28（1）：59-63.

[13] Fu T G，Chen H S，Wang K L. Structure and water storage capacity of a small karst aquifer based on stream discharge in southwest China[J]. Journal of Hydrology，2016，534：50-62.

[14] Jakada H，Chen Z H，Luo M M，et al. Watershed characterization and hydrograph recession analysis：A comparative look at a karst vs. non-karst watershed and implications for groundwater resources in Gaolan river basin，southern China[J]. Water，2019，11（4）：743.

[15] 徐冲越. 贵州三岔河流域水城盆地岩溶地下水蓄存能力研究[D]. 北京：中国地质大学，2019.

[16] 尹伟璐. 桂林市毛村流域岩溶含水介质及碳汇效应研究[D]. 北京：中国地质大学，2016.

[17]　Paiva I，Cunha L. Characterization of the hydrodynamic functioning of the degracias-sicó karst aquifer，Portugal[J]. Hydrogeology Journal，2020，28（7）：2613-2629.

[18]　Basha H A. Flow recession equations for karst systems[J]. Water Resources Research，2020，56（7）：e2020WR027384.

[19]　Shamsi A，Karami G H，Taheri A. Recession curve analysis of major karstic springs at the Lasem area（north of Iran）[J]. Carbonates and Evaporites，2019，34：845-856.

第5章　岩溶水文模型

5.1　引　言

岩溶地区通常由碳酸盐岩发育而成，包括石灰岩和白云岩等。可溶岩在长期风化作用及溶蚀作用下，形成裂隙、溶沟、漏斗、竖井、落水洞和地下河管道等喀斯特地貌[1]。水文地质构造的不同使得岩溶地区的生态水文循环系统与非岩溶地区之间存在较大差异[2, 3]。目前，国内外学者主要通过概念性模型和分布式模型进行岩溶地区的水文过程模拟[3]。概念性模型以水文现象的物理概念为基础，利用抽象和概化的方法对流域整体的水文循环过程进行模拟[4-7]。概念性模型一般将整个流域作为一个整体，忽略流域内部各因素空间分布的差异性，模型结构相对简单，实用性强，但缺乏描述流域生态系统和水文系统的内在联系。概念性模型在研究复杂地区水循环特点时体现了其概化能力强、模拟精度高的特点，可以为岩溶流域水循环模拟及水资源预测提供借鉴[4]。然而更具物理意义的岩溶水文模型的开发，仍是一个亟待解决的问题。

分布式岩溶水文模型基于构建整个岩溶流域离散后的二维或三维网格单元[3]，通过连续水量及能量方程求解每个网格单元的水循环过程[8, 9]，并采用严密的数学物理方程描述网格单元间的水力联系[4]。在掌握岩溶水循环之间关系的基础上，分布式岩溶水文模型考虑植被、土壤、地貌、土地利用及地表地下二元水文结构等空间分布信息，能够更好地解析流域内地表径流、壤中流、地下径流及蒸散发等水文要素的空间变异性[10, 11]，也能够更好地描述岩溶流域内部的水循环过程[12]。然而，分布式岩溶水文模型大多是针对地表闭合的自然流域进行开发，而岩溶地区地下水径流量占流域水量的比例较大，且表层岩溶带的地表、地下水量交换频繁，因此模拟表层岩溶带水文过程中地表水、地下水转化关系是构建岩溶地区分布式岩溶水文模型的关键。针对岩溶流域产汇流规律，部分学者构建了改进 DHSVM[13]、SHE[14]、Karst-Liuxihe[15]等分布式岩溶水文模型。这类具备严格物理意义基础的改进全分布式岩溶水文模型及其数值解应用于小尺度岩溶流域能够取得一定的计算精度，但将这类模型移用至大尺度岩溶流域层面时，可能会遭遇过参数化现象，增加了模型预测的不确定性；因计算复杂度的指数级增长，还可能导致模型性能和可解释性的显著降低。对一些结构相对简单又不完全失其物理意义的概念性/分布式水文模型进行改进，对于大尺度岩溶流域的分布式降雨径流过程模拟也不失为一种折中的方法。研究结果表明，改进 SWAT[16]、DDRM[17]、SWMM[18]在大尺度岩溶流域模拟中取得较好的结果。从分布式岩溶水文模型模拟的结果来看，对暴雨的径流响应明显，模拟结果陡涨陡落，且缺乏考虑岩溶地区内涝问题。对于表层岩溶带产汇流机制、岩溶基质流与管道流间水量转换、岩溶地下河与地表河互馈机制等岩溶系统水循环过程的认识还有待深入开展研究。就目前而言，分布式岩溶水文模型在岩溶地区的应用仍需要更多的实践检验。

下文将系统介绍国内外常用的概念性及分布式岩溶水文模型，以及在新安江岩溶水文模型的基础上进行改进并应用。

5.2　概念性岩溶水文模型

5.2.1　新安江岩溶水文模型

赵人俊于 1973 年首次提出二水源新安江水文模型并广泛应用于中国南方湿润与半湿润地区，并在后续应用中根据流域降雨空间分布不均匀性及稳定入渗率参数变化的特点，改进模型结构及参数，提出三水源新安江模型。模型主要分为四个模块：蒸散发模块、产流模块、水源划分模块和汇流模块[19]。考虑到岩溶流域特殊的地质构造及水文过程的二元性，新安江岩溶水文模型在三水源新安江模型的基础上针对水源划分模块进行改进，其他结构与三水源新安江模型一致。

1. 蒸散发模块

三水源新安江模型中蒸散发计算流程如下：上层蒸散发 E_U 按照蒸散发能力蒸发，当上层的土壤含水量不及蒸散发能力时，剩余的蒸散发能力由下层土壤含水量蒸发。下层蒸散发与剩余的蒸散发能力成正比，同时与下层土壤含水量成正比，与下层土壤蓄水量成反比。此时需要增加一个深层蒸散发能力系数 C，要求计算得到的下层蒸散发能力系数与剩余蒸散发能力之比不小于 C。当大于 C 时，蒸散发不足的部分则由下层土壤含水量供应；当下层土壤含水量仍旧不够蒸散发时由深层含水量供应，直到蒸散发满足蒸散发能力。

当 $P + WU_0 \geqslant E_P$ 时，

$$E_U = E_P, E_L = 0, E_D = 0 \tag{5-1}$$

当 $P + WU_0 < E_P$、$WL_0 \geqslant C \times WLM$ 时，

$$E_U = P + WU_0, E_L = \frac{(E_P - E_U) \times WL_0}{WLM}, \ E_D = 0 \tag{5-2}$$

当 $P + WU_0 < E_P$、$C \times (E_P - E_U) \leqslant WL_0 < C \times WLM$ 时，

$$E_U = P + WU_0, E_L = C \times (E_P - E_U), E_D = 0 \tag{5-3}$$

当 $P+WU_0 < E_P$、$WL_0 < C \times (E_P - E_U)$ 时，

$$E_U = P + WU_0, E_L = WL_0, E_D = C \times (E_P - E_U) - E_L \qquad (5\text{-}4)$$

流域蒸散发 E 为三层土壤蒸散发之和：

$$E = E_U + E_L + E_D \qquad (5\text{-}5)$$

式中，P 为流域降水量，mm；WU_0、WL_0 分别为流域上、下层土壤初始含水量，mm；E_P 为流域蒸散发能力，mm；E_U、E_L、E_D 分别为上、中、下层土壤蒸散发，mm；WLM 为下层土壤最大蓄水量，mm。

2. 产流模块

三水源新安江模型采用蓄满产流理论计算产流量，即降水在满足田间持水量以前，降水被土壤吸收成为张力水；降水在满足田间持水量以后，所有的降水（扣除同期蒸散发）都产流。该概念针对土壤上的某一点而言，按照蓄满产流的概念，采用蓄水容量-面积分配曲线（见图 5-1）来考虑土壤缺水量分布不均匀的问题。

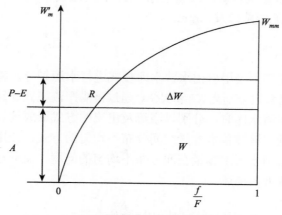

图 5-1　流域包气带蓄水容量-面积分配曲线

W_{mm} 表示流域内包气带最大的蓄水容量，W'_m 表示流域内某一点包气带的蓄水容量，W 表示流域平均的初始土壤含水量，ΔW 表示与产流 R 对应的土壤水补充量，$\dfrac{f}{F}$ 表示蓄水能力不大于 W'_m 的流域面积与流域总面积的比值，则包气带蓄水容量-面积分配曲线可表示为

$$\frac{f}{F} = 1 - \left(1 - \frac{W'_m}{W_{mm}}\right)^B \qquad (5\text{-}6)$$

流域平均蓄水容量 W_m 为

$$W_m = \int_0^{W_{mm}} \left(1 - \frac{f}{F}\right) dW'_m = \frac{W_{mm}}{1+B} \tag{5-7}$$

与流域初始蓄水容量相应的纵坐标 A 为

$$A = W_{mm}\left[1 - \left(1 - \frac{W_0}{W_m}\right)^{\frac{1}{B+1}}\right] \tag{5-8}$$

当 $P - E + A \geqslant W_{mm}$ 时，流域（全面积）产流量为

$$R = P - E - (W_m - W_0) \tag{5-9}$$

当 $P - E + A < W_{mm}$ 时，流域（部分面积）产流量为

$$R' = P - E - (W_m - W_0) + W_m\left(1 - \frac{P - E + A}{W_{mm}}\right)^{B+1} \tag{5-10}$$

式中，W_{mm} 为流域内最大的张力水蓄水容量，mm；B 为张力水蓄水容量曲线指数；W_m 为流域平均张力水蓄水容量，mm；W_0 为流域初始张力水蓄水容量，mm；A 为与 W_0 相应的张力水蓄水容量曲线纵坐标；R / R' 为流域产流量，mm；P 为流域降水量，mm；E 为流域蒸散发，mm。

3. 水源划分模块

三水源新安江模型采用自由水蓄水库模式进行水源划分，将自由水蓄水库设置两个出口，出流系数分别为 KI 和 KG。通过蓄满产流模式计算得出的流域产流量 R 进入该自由水蓄水库时，分别以溢流及出流的方式形成地表径流、壤中流及地下径流。参照处理流域蓄水容量空间分布不均匀的方式，使用自由水蓄水容量曲线处理流域内自由水蓄水容量空间分布不均匀的问题。流域自由水蓄水深分布曲线可用分布函数近似描述：

$$\frac{f}{F} = 1 - \left(1 - \frac{S'_m}{S_{mm}}\right)^{EX} \tag{5-11}$$

式中，S_{mm} 为流域内最大的自由水蓄水容量，mm；S'_m 表示流域内某一点自由水的蓄水容量，mm；$\frac{f}{F}$ 表示蓄水深不大于 S'_m 的流域面积与流域总面积的比值；EX 为流域自由水蓄水容量曲线指数。相似可得：

$$S_m = \frac{S_{mm}}{1+EX} \tag{5-12}$$

$$AU = S_{mm}\left[1 - \left(1 - \frac{S_0}{S_m}\right)^{\frac{1}{EX+1}}\right] \tag{5-13}$$

当 $P-E+AU < S_{mm}$ 时，地表径流为

$$RS = FR\left\{ P-E-S_m+S+S_m\left[1-\frac{(P-E+AU)}{S_{mm}} \right]^{1+EX} \right\} \qquad (5\text{-}14)$$

$$RI = FR \times KI \times \left(PE+S-\frac{RS}{FR} \right) \qquad (5\text{-}15)$$

$$RG = FR \times KG \times \left(PE+S-\frac{RS}{FR} \right) \qquad (5\text{-}16)$$

$$S = S+PE-\frac{RS+RI+RG}{FR} \qquad (5\text{-}17)$$

当 $P-E+AU \geqslant S_{mm}$ 时，则地表径流计算公式为

$$RS = FR(P-E+S-S_m) \qquad (5\text{-}18)$$

$$RI = S_m \times KI \times FR \qquad (5\text{-}19)$$

$$RG = S_m \times KG \times FR \qquad (5\text{-}20)$$

$$S = S_m - \frac{RI+RG}{FR} \qquad (5\text{-}21)$$

式中，FR 为流域产流面积占比，%；S_m 为流域平均自由水蓄水容量，mm；S 为流域产流面积上的平均自由水蓄水容量，mm；AU 为流域自由水蓄水容量曲线对应的纵坐标；RI 为壤中流，mm；RG 为地下径流，mm；KI 为自由水蓄水库壤中流出流系数；KG 为自由水蓄水库地下径流出流系数；其余符号与上文相同。

为刻画裂隙流与管道流的流速差异，新安江岩溶水文模型在三水源新安江模型的基础上引入分配系数 $KGSF$ 将地下径流 RG 一分为二，即快速地下径流（RG_1）与慢速地下径流（RG_2）。快速和慢速地下径流的计算公式为

$$RG_1 = RG \times KGSF \qquad (5\text{-}22)$$

$$RG_2 = RG \times (1-KGSF) \qquad (5\text{-}23)$$

式中，$KGSF$ 可由 4.3 节流量衰退曲线计算。

4. 汇流模块

1）坡地汇流

地表径流 RS 直接进入河网，成为地表径流对河网的总入流（Q_{RS}），壤中流（RI）、快速地下径流（RG_1）和慢速地下径流（RG_2）经过线性水库调节进入河网，其消退系数分别为 K_{KI}、K_{KG_1}、K_{KG_2}，对河网的总入流分别为 Q_{RI}、Q_{RG_1}、Q_{RG_2}。计算式为

$$Q_{RS(i)} = RS(i) \times U \qquad (5\text{-}24)$$

$$Q_{RI(i)} = K_{KI} \times Q_{RI(i-1)} + (1-K_{KI}) \times RI(i) \times U \qquad (5\text{-}25)$$

$$Q_{RG_1(i)} = K_{KG_1} \times Q_{RG_1(i-1)} + (1 - K_{KG_1}) \times RG_1(i) \times U \tag{5-26}$$

$$Q_{RG_2(i)} = K_{KG_2} \times Q_{RG_2(i-1)} + (1 - K_{KG_2}) \times RG_2(i) \times U \tag{5-27}$$

$$Q_{RG(i)} = Q_{RG_1(i)} + Q_{RG_2(i)} \tag{5-28}$$

式中，U 为单位转换系数；$U = F/3.6\Delta i$；F 为全流域面积，km^2；Δi 为计算时段长。

坡地汇流对河网的总入流 TR 为

$$Q_{TR(i)} = Q_{RS(i)} + Q_{RI(i)} + Q_{RG_1(i)} + Q_{RG_2(i)} \tag{5-29}$$

2）河网汇流

该模型地表径流采用量纲一时段单位线模拟水体从进入河槽到单元出口的河网汇流，壤中流和地下径流河网汇流采用线性水库法。计算公式为

$$Q(t) = \sum_{i=1}^{N} \text{UH}(i) TR(t - i + 1) \tag{5-30}$$

式中，$Q(t)$ 为单元出口处 t 时刻的流量；UH 为量纲一时段单位线；N 为单位线的历时时段数。

5.2.2　乌江渡流域水文模型

乌江渡流域水文模型以蓄满产流模型计算总产流量［见式（5-6）～式（5-8）］，根据稳定入渗率空间分布不均匀的概念，用地下水径流系数计算地下水产流量，并划分为并联的快速、中速、慢速三种水源。应用线性滞时加线性水库调蓄模型，计算不同水源组分的汇流过程[20]。乌江渡流域水文模型流程图见图 5-2。

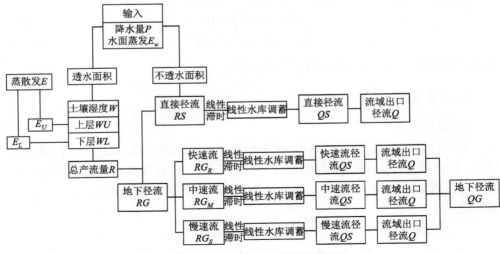

图 5-2　乌江渡流域水文模型流程图

1. 流域蒸散发计算

乌江渡流域水文模型考虑到岩溶流域内土壤覆盖层薄，植被稀疏，因此忽略由深根植物散发引起的土壤深层蒸散发，并采用两层蒸散发模型计算流域蒸散发：

当 $P+WU \geqslant E_P$ 时，

$$E_U = E_P, \ E_L = 0 \tag{5-31}$$

当 $P+WU < E_P$ 时，

$$E_U = P+WU, E_L = (E_P - E_U)\frac{WL}{WLM} \tag{5-32}$$

式中符号与上文含义相同。

2. 水源划分计算

1）直接径流和地下径流划分

基于蓄满产流理论，乌江渡流域水文模型地面径流（RS）和地下径流（RG）的划分由产流面积上的稳定入渗水量形成。时段产流量的计算公式为

当 $R < F_C$ 时，

$$RG = R, RS = 0 \tag{5-33}$$

当 $R \geqslant F_C$ 时，

$$RG = R/P \times F_C, \ RS = R - RG \tag{5-34}$$

已有研究指出，岩溶地区稳定入渗率 $F_C = f(R)$ 且变化规律决定稳定入渗率分布曲线[21]。根据经验可假定 $F_C = f(R)$ 为线性关系，即

$$F_C = F_B \times R \tag{5-35}$$

式中，F_B 为地下径流系数。将公式（5-35）代入公式（5-34）可得：

$$RG = R^2/P \times F_B, RS = R - RG \tag{5-36}$$

2）地下水水源划分

岩溶流域由于特殊的地质构造导致含水系统具有二元性且地下水流速多变，通常可分为快速流与慢速流。快速流是指溶洞或地下河系统中的管道流，具有流速大、动态不稳定等特征。慢速流是指通过岩溶节理或裂缝下渗的裂隙流，是造成岩溶流域降雨径流延迟响应的主要地下径流成分。介于快速流与慢速流之间的为中速流，并以 B_1 表示快速流占地下水的比例，B_2 表示中速流占中速、慢速流之和的比例。不同径流组分的计算公式为

$$RG_R = B_1 \times RG \tag{5-37}$$

$$RG_M = B_2(1-B_1) \times RG \tag{5-38}$$

$$RG_S = (1-B_1)(1-B_2) \times RG \tag{5-39}$$

式中，RG_R 为快速地下径流；RG_M 为中速地下径流；RG_S 为慢速地下径流。

5.2.3　概念性降雨径流模型

在降雨径流模型中，将岩溶流域概化为集总系统[22]，包括土壤覆盖层、表层岩溶带、包气带和饱和带（图 5-3）。其中表层岩溶带可划分为产流储水层和汇流储水层。产流储水层水分用于蒸散发，汇流储水层主要用于存储入渗水量。降水量（P）落至土壤覆盖层后成为系统的水分输入项，由此产生的入渗水量分别以 R_S 和 R_E 补给土壤覆盖层和表层岩溶带中的表层产流储水层。土壤覆盖层及表层产流储水层的失水量分别为 L_S 和 L_E。当土壤覆盖层饱和且产流储水层蓄满时，用于蒸散发后的剩余降雨即为有效降水量（P_{ET}），进一步产生入渗及快速径流。入渗水量进入表层汇流储水层，快速流则通过竖井直接进入包气带水箱。由于岩溶流域通常为非闭合流域，除流域内降雨产生的水量补给外，邻近流域间亦存在侧向

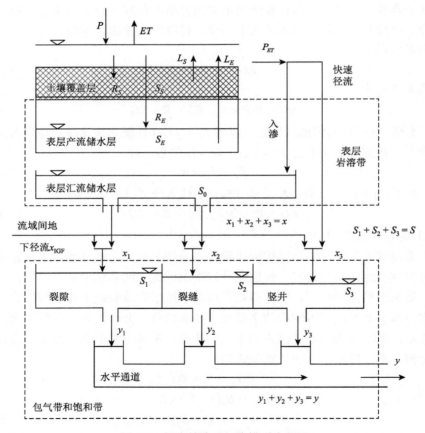

图 5-3　概念性降雨径流模型流程图

水量交换（流域间地下径流，x_{IGF}），且假设 x_{IGF} 包括邻近流域地表水通过多孔河床沉积物或河床裂缝下渗产生的异源补给量。地下径流经调蓄后形成裂隙流（y_1）、裂缝流（y_2）及管道流（y_3），并最终以岩溶泉的形式溢出地表。

综上，概念性降雨径流模型（图 5-3）可分为三个子模块：①土壤覆盖层和表层产流储水层子模块；②表层汇流储水层子模块；③岩溶含水系统子模块（包括裂隙、裂缝、竖井和水平通道）。采用水分平衡模型（MB 模型）计算子模块①的水量分配过程，采用地下水平衡模型（GB 模型）计算子模块③的过程。MB 模型输出量（P_{EF}）成为表层汇流储水层和竖井的水分输入量，而表层汇流储水层的输出项则作为裂隙水和裂缝水的补给项。

1. MB 模型

假设与计算步长 Δt 相比响应延时可忽略不计，土壤覆盖层的水分平衡可表示为

$$ET - L_S - L_E = P - P_{ET} - R_S - R_E \tag{5-40}$$

式中，P_{ET} 为有效降水量；ET 为岩溶地表及地下产生的实际蒸散发；P 为总降水量；R_S 为土壤覆盖层补给量；R_E 为表层产流储水层补给量；L_S 为土壤覆盖层失水量；L_E 为表层产流储水层失水量。其中，$ET - L_S - L_E$ 代表岩溶表层的蒸散发。土壤覆盖层及表层产流储水层的总补给量为

$$R = R_S + R_E \tag{5-41}$$

蒸散发过程中土壤覆盖层失水量取决于潜在蒸散发 ET_P：
当 $0 < ET_P - P < S_S$ 时，

$$L_S = ET_P - P \tag{5-42}$$

当 $ET_P - P > 0$ 且 $ET_P - P > S_S$ 时，

$$L_S = S_S \tag{5-43}$$

当 $ET_P - P < 0$ 或 $S_S = 0$ 时，

$$L_S = 0 \tag{5-44}$$

式中，S_S 为土壤覆盖层储水量。假设表层产流储水层失水量取决于其饱水度：

$$L_E' = (ET_P - P - L_S)\frac{S_E}{S_{E_{\max}}} \tag{5-45}$$

当 $0 < L_E' < S_E$ 时，

$$L_E = L_E' \tag{5-46}$$

当 $L_E' \geqslant S_E$ 时，

$$L_E = S_E \tag{5-47}$$

当 $L_E' = S_E$ 时，

$$L_E = 0 \tag{5-48}$$

式中，S_E 和 $S_{E_{max}}$ 分别为表层产流储水层储水量及其最大值。因此，土壤覆盖层及表层产流储水层的水分总失水量为

$$L = L_S + L_E \tag{5-49}$$

有效降水量 P_{ET} 和总补给量 R 取决于总降水量 P、潜在蒸散发 ET_P 及储水层总储水量 S。

当 $P - ET_P < 0$ 时，

$$P_{ET} = 0, R = 0 \tag{5-50}$$

当 $0 < P - ET_P < S_{max} - S$ 时，

$$P_{ET} = 0, R = P - ET_P \tag{5-51}$$

当 $P - ET_P > S_{max} - S$ 时，

$$P_{ET} = P - ET_P - R, R = S_{max} - S \tag{5-52}$$

其中，土壤覆盖层及表层产流储水层总储水量为

$$S = S_S + S_E \tag{5-53}$$

实际蒸散发 ET 主要取决于总降水量 P、潜在蒸散发 ET_P 及总失水量 L。

当 $P \geqslant ET_P$ 时，

$$ET = ET_P \tag{5-54}$$

当 $P < ET_P$ 时，

$$ET = P + L \tag{5-55}$$

2. GB 模型

降雨径流模型中采用一个非线性水库及两个线性水库模拟裂隙、裂缝及竖井对地下水的调蓄作用。第一个水库代表裂隙渗流（通过最小的岩溶节理和裂隙缓慢下渗），第二个水库代表裂缝渗流（通过扩大的岩溶节理和裂缝下渗），第三个水库代表快速管道流（通过垂直管道及竖井快速流动）。不同水库的地下径流组分分别表示为

$$x_1 = \theta_1 x \tag{5-56}$$

$$x_3 = \theta_3 x \tag{5-57}$$

$$x_2 = (1 - \theta_1 - \theta_3)x \tag{5-58}$$

式中，x 为水库总补给量；θ_1 和 θ_3 分别为描述不同补给组分相对重要性和相对量级的量纲一参数。因此，水库的质量守恒方程为

$$\frac{dS_1}{dt} = \theta_1 x - \alpha_1 S_1 \tag{5-59}$$

$$\frac{dS_2}{dt} = (1 - \theta_1 - \theta_3)x - \alpha_2 S_2^{\beta_2} \tag{5-60}$$

$$\frac{\mathrm{d}S_3}{\mathrm{d}t} = \theta_3 x - \alpha_3 S_3 \tag{5-61}$$

$$y = \alpha_1 S_1 + \alpha_2 S_2^{\beta_2} + \alpha_3 S_3 \tag{5-62}$$

式中，S_1、S_2 和 S_3 分别为三个水库的储水量；α_1 是基于 Maillet 公式的衰退系数；α_2、α_3 为比例系数；β_2 为量纲一非线性系数。利用有限差分法将式（5-56）～式（5-62）转化为非线性方程组后可获得离散值。

5.3　分布式岩溶水文模型

5.3.1　改进的 DDRM 水文模型

基于 DEM 的分布式降雨径流模型（DEM-based distributed rainfall-runoff model，DDRM）是一个基于栅格单元产流计算和基于栅格流向进行逐栅格分级汇流演算的分布式降雨径流模型[23]。在构建 DDRM 时，为了考虑流域内不同区域间下垫面条件的差异，同时也为了使得模型运算并行化以提升模型运算效率，可将整个流域划分为数个子流域。在此基础上将各子流域进一步划分为大小相同的栅格单元（图 5-4）。模型假定流域产流机制为蓄满产流，降雨落到栅格地表后直接进入地下土壤。地下土壤蓄水量在降雨、蒸散发、地下水入流和地下水出流的影响下发生变化。当地下土壤蓄水量超过该栅格蓄水能力时，超蓄水量将涌出地面形成浅层地表水并在重力作用下形成坡面流汇入栅格河道。之后，模型将对栅格产流进行汇流演算，该汇流演算包括 2 个阶段：①基于栅格流向确定各子流域内栅格的汇流演算顺序，各栅格产流量根据栅格汇流演算顺序依次向下游栅格演算，直至所在子流域的出口处；②各子流域出口节点处（节点 d 和 e）的流量再根据河网拓扑结构关系依次演算至流域出口处（节点 f）[24]。

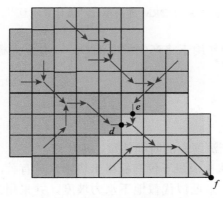

图 5-4　DDRM 子流域和栅格划分示意图[24]

1. 产流计算

栅格产流计算基于蓄满产流机制，即降雨直接下渗进入土壤层，扣除蒸散发后补充地下土壤水。地下土壤蓄水量不能超过土壤蓄水能力，当土壤蓄满后，超出土壤蓄水能力的土壤水量会进一步转化成地表水。具体解释如下：对栅格 i，当在 t 时刻计算出来的土壤蓄水量 $S_{i,t}$ 小于该栅格土壤蓄水能力 SMC_i 时，该栅格不产生地表径流，实际土壤蓄水量就是该计算值 $S_{i,t}$；当计算出来的土壤蓄水量 $S_{i,t}$ 大于该栅格土壤蓄水能力 SMC_i 时，超出土壤蓄水能力的土壤水量将冒出地面形成浅层地表水，增加浅层地表水蓄水量 $S_{P_{i,t}}$（图 5-5），实际土壤蓄水量则为该栅格的土壤蓄水能力 SMC_i。

假设流域的蓄水能力均匀分布，在栅格 i 处的蓄水能力 SMC_i 表达为

$$\mathrm{SMC}_i = \overline{S} \tag{5-63}$$

式中，$\overline{S}$ 为流域栅格蓄水能力，需优选。

浅层地表水蓄水量 $S_{P_{i,t}}$ 计算公式为

$$S_{P_{i,t}} = S_{P_{i,t-\Delta t}} + \left\{\left[(S_{i,t} - \mathrm{SMC}_i), 0\right]\right\}_{\max} \tag{5-64}$$

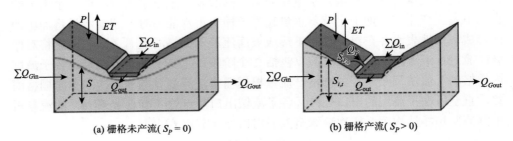

(a) 栅格未产流（$S_P = 0$） (b) 栅格产流（$S_P > 0$）

图 5-5　DDRM 栅格单元产流计算示意[1]

浅层地表水在重力作用下将产生坡面流 $Q_{P_{i,t}}$，并汇入栅格河道内。坡面流采用线性水库方法计算：

$$Q_{P_{i,t}} = \frac{S_{P_{i,t}}}{T_P} \tag{5-65}$$

式中，T_P 为反映坡面产流速率的时间常数，需优选。

对栅格 i，其地下水出流量不仅与栅格土壤蓄水量有关，还与地下水力坡度有关。模型采用地表坡度来近似代替地下水力坡度，并采用式（5-66）计算栅格 i 的地下水出流量 $Q_{Gout i,t}$：

$$Q_{Gouti,t} = \frac{[(S_{i,t} - S_T), 0]_{\max}}{T_S}[\tan(\bar{\beta})]^b \qquad (5\text{-}66)$$

式中，$S_T = \alpha\text{SMC}_i$（$0 < \alpha < 1$）为地下水出流阈值，当地下土壤蓄水量超过该阈值时，栅格才产生地下水出流，α 反映地下水出流特性；T_S 反映地下水出流的特征时间参数；$\bar{\beta}$ 为全流域栅格平均坡度；b 反映坡度对地下水出流的影响。参数 T_S、α 和 b 均需优选。

对栅格 i，其地下水入流量 $Q_{Gini,t}$ 为其相邻上游各栅格地下水出流量 $Q_{Goutj,t}$ 之和，计算公式为

$$Q_{Gini,t} = \sum Q_{Goutj,t} \qquad (5\text{-}67)$$

式中，j 为相邻上游各栅格。

栅格 i 的土壤水蒸散发 $ET_{i,t}$ 计算公式为

$$ET_{i,t} = \frac{S_{i,t}}{\text{SMC}_i} \times (k_c \times \text{PET}_{i,t}) \qquad (5\text{-}68)$$

式中，$\text{PET}_{i,t}$ 为栅格 i 处 t 时刻的潜在蒸散发；k_c 为潜在蒸散发修正系数。

采用 Penman-Monteith 方法计算潜在蒸散发 PET，并采用反距离插值算法对潜在蒸散发进行空间插值，PET 计算公式如下：

$$\text{PET} = \frac{0.408\Delta(R_n - G) + \gamma\dfrac{900}{T+273}u_2(e_s - e_a)}{\Delta + \gamma(1 + 0.34u_2)} \qquad (5\text{-}69)$$

式中，R_n 为太阳净辐射，MJ/（m²·d）；G 为土壤热通量，MJ/（m²·d），若以天计算则可认为 $G = 0$；γ 为干湿计常数，kPa/℃；T 为气温，℃；u_2 为 2m 处风速，m/s；e_s 为饱和水汽压，kPa；e_a 为实际水汽压，kPa；Δ 为水汽压曲线斜率，kPa/℃。

栅格 i 在下一时刻 $t + \Delta t$ 的地下土壤蓄水量 $S_{i,t+\Delta t}$ 可由水量平衡公式算得：

$$S_{i,t+\Delta t} = S_{i,t} + (P_{i,t} - ET_{i,t}) \times \Delta A \times \Delta t + (Q_{Gini,t} - Q_{Goutj,t}) \times \Delta t \qquad (5\text{-}70)$$

式中，$P_{i,t}$ 为栅格 i 处 t 时刻降水量；ΔA 为栅格单元面积；Δt 为模型计算的时间步长。

对于分布式降雨径流模型而言，降雨数据首先要空间插值到流域内的每一个栅格上。考虑到日降雨的特点及气象站点的分布情况，采用反距离加权插值法对日降雨数据进行空间插值。

2. 汇流计算

栅格 i 内的河道地表入流量 $Q_{ini,t}$ 为其相邻上游各栅格河道地表出流量 $Q_{outj,t}$ 之和，计算式为

$$Q_{ini,t} = \sum_j Q_{outj,t} \qquad (5\text{-}71)$$

栅格河道的汇流演算采用马斯京根法，在考虑栅格坡面流的情况下，栅格河道地表出口流量 $Q_{\text{out}i,t}$ 计算见式（5-72）：

$$Q_{\text{out}i,t} = c_0(Q_{\text{ini},t} + Q_{P_i,t}) + c_1\left(Q_{\text{ini},t-\Delta t} + Q_{P_i,-\Delta t}\right) \\ + (1 - c_0 - c_1)Q_{\text{out}i,t-\Delta t} \tag{5-72}$$

式中，c_0、c_1 为栅格河道马斯京根汇流参数，取值均在 0 到 1 之间，需优选。

为减小模型参数冗余度，在同一子流域内，栅格河道汇流演算所用的马斯京根汇流参数相同。

3. 河网汇流计算

模型在每个子流域上分别进行栅格产汇流计算得到子流域出口流量，然后根据河网拓扑关系依次进行河网汇流计算。对每个河段，采用马斯京根法将河段上游节点的入流过程 I_t 演算至下游节点的出流过程 O_t，计算公式为

$$O_t = hc_0 I_t + hc_1 I_{t-\Delta t} + (1 - hc_0 - hc_1)O_{t-\Delta t} \tag{5-73}$$

式中，hc_0、hc_1 为河网马斯京根汇流参数，取值均在 0 到 1 之间，需优选。

有些水文节点可能是几条河流的汇流出口（图5-4），此时可采用线性叠加法进行计算，即认为汇流节点的流量是上游几个河段独立向下游演算所得出口流量之和。图5-4中汇流节点 f 的流量可以采用如下方法求出：

$$Q_{f,t} = Q_{df,t} + Q_{ef,t} + Q_{\text{out}f,t} \tag{5-74}$$

$$Q_{df,t} = hc_{0,df}Q_{\text{out}d,t} + hc_{1,df}Q_{\text{out}d,t-\Delta t} + \left(1 - hc_{0,df} - hc_{1,df}\right)Q_{df,t-\Delta t} \tag{5-75}$$

$$Q_{ef,t} = hc_{0,ef}Q_{\text{out}e,t} + hc_{1,ef}Q_{\text{out}e,t-\Delta t} + \left(1 - hc_{0,ef} - hc_{1,ef}\right)Q_{ef,t-\Delta t} \tag{5-76}$$

式中，Q_f 为节点 f 的总出流量；Q_{df}、Q_{ef} 分别为由节点 d、e 演算到节点 f 的出流量；$Q_{\text{out}f}$ 为节点 f 对应子流域的出流量；$hc_{0,df}$、$hc_{1,df}$ 分别为节点 d 至节点 f 的河网马斯京根汇流参数，需优选；$Q_{\text{out}d}$、$Q_{\text{out}e}$ 分别为节点 d、e 对应子流域的出流量；$hc_{0,ef}$、$hc_{1,ef}$ 分别为节点 e 至节点 f 的河网马斯京根汇流参数，需优选。

4. 模型改进

岩溶流域通常是岩溶地貌与非岩溶地貌并存的。受表层岩溶带和地下河系影响，岩溶区和非岩溶区的水文过程有所不同。基于表层岩溶带与土壤层在水文转化中功能的相似性（蓄水、导水），以及岩溶地下河与地表河再分布的形态结构（水系的发育、形成和演化遵循水系结构定律）和水量动态变化特征（流量大、流速快、比降大）上的相似性，本节在不改变 DDRM 主体结构的前提下，通过引入岩溶特征参数来考虑岩溶地貌对流域降雨径流过程的影响，实现模型在岩溶流域的改进[1]。

1）考虑表层岩溶带对蓄水能力的影响

表层岩溶带裂隙率高，蓄水能力强；表层岩溶带发育程度与地形有关，在地势相对平缓地区发育越好，蓄水能力也越强。假设栅格 i 处的土壤（或岩石）蓄水能力 SMC_i 与当前栅格的地貌形态和地形指数 TI_i 相关，采用如下的非线性关系式来表示：

$$SMC_i = \begin{cases} S_0 + \left(\dfrac{TI_i - TI_{min}}{TI_{max} - TI_{min}} \right)^n \times SM & \text{（栅格 } i \text{ 为非岩溶地貌）} \\[3mm] S_0 + \left(\dfrac{TI_i - TI_{min}}{TI_{max} - TI_{min}} \right)^n \times (k_{SM} SM) & \text{（栅格 } i \text{ 为岩溶地貌）} \end{cases} \tag{5-77}$$

式中，S_0 为流域最小蓄水能力的参数；SM 为流域非岩溶区蓄水能力变化幅度的参数；k_{SM} 为第一个岩溶修正参数，反映岩溶区表层岩溶带对栅格蓄水能力的影响；TI_{max}、TI_{min} 分别为流域最大、最小地形指数；n 为经验指数，当 n 取 0 时，SMC_i 与地形指数无关，变成全流域均匀分布。参数 S_0、SM、k_{SM} 和 n 均需优选。

2）考虑岩溶地下河系对产流速率的影响

降雨可以 2 种方式进入地下河系形成地下径流：沿基岩裂隙和孔隙的慢速扩散流，以及沿落水洞、天窗和漏斗的快速集中流。①当有降雨发生时，部分降雨穿过表层岩溶带进入基岩裂隙和孔隙，以扩散方式下渗至深层饱和径流带，经汇集后补给地下河。由于水流在基岩裂隙和孔隙中的流速较慢，岩溶地区的地下产流速率相对于地表产流也较慢。②当降水量较大时，表层岩溶带可蓄满，形成饱和坡面流，汇集至地表水系，或向落水洞、天窗和漏斗等岩溶洼地汇集，以集中方式快速补给地下河，由地下河调蓄排泄。受深层饱和径流带中基岩裂隙和孔隙的调蓄作用，快速补给时地下河水位上涨，地下河水补给周围裂隙；随着地下河水的消退，当地下河水位低于周围裂隙水位，裂隙水反补给地下河。深层饱和径流带裂隙和孔隙对地下径流的调蓄实际上延长了产流时间，裂隙调蓄水滞后排泄在退水段形成平缓的衰减过程。基岩裂隙于地下河段对快速集中流进行调蓄，对于大流域尺度而言，由于地下河系及落水洞、天窗和漏斗的空间位置难以获取，构建严格物理意义上的水文模型不可行，本节采用一种简易的方法去近似描述快速集中流，即将地下河位置处的调蓄间接表征为在各岩溶地貌栅格单元处的调蓄。因此，在未增加地下河模块的情况下，扩散流和集中流对流域水文过程的影响均表达为对坡面产流速率的影响。

对于改进后的 DDRM，栅格 i 为岩溶地貌的坡面流流量计算公式为

$$Q_{P_{i,t}} = \frac{S_{P_{i,t}}}{k_{TP} \times T_P} \tag{5-78}$$

栅格 i 为非岩溶地貌的坡面流流量计算公式为

$$Q_{P_{i,t}} = \frac{S_{P_{i,t}}}{T_P} \qquad\qquad (5\text{-}79)$$

其中，k_{TP} 为第二个岩溶修正参数，反映岩溶地下河系对产流速率的影响，需优选。

5.3.2　改进的 DHSVM 水文模型

分布式水文土壤植被模型（the distributed hydrological soil vegetation model，DHSVM）是华盛顿大学开发的具有物理意义的分布式水文模型，该模型基于 DEM 尺度系统描述了流域水文过程及下垫面影响因素（植被、土壤）[25]。根据 DEM 栅格，将流域离散为正交栅格计算单元（如图 5-6 所示），根据栅格计算单元地形特征及下垫面属性，刻画短波辐射、气温、降雨、土壤含水量、植被特性、坡面流与壤中流的时空变化过程。在每个模拟时间步长内，联立求解各栅格能量和质量方程，通过坡面流及壤中流演算实现栅格单元间的水量交换，坡面流与壤中流根据流域上下游栅格拓扑关系汇入下游河道，经过河道演算形成出口断面的径流过程[26]。

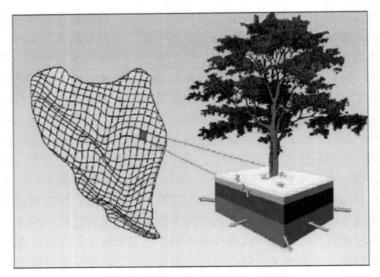

图 5-6　DHSVM 模型描述流域示意图[25]

为适应岩溶流域水文过程模拟，张志才等[27]根据岩溶流域地表地下二元结构水循环特征，以及 DEM 建立了反映岩溶流域裂隙、地下管道及沟渠的相互联系的汇水网络系统，提出了裂隙渗流与槽蓄汇流演算相结合的混合汇流演算模式，刻画出水流在不同岩溶含水系统汇水通道中的运动特征，实现对 DHSVM 模型的改进[27, 28]。

1. 蒸散发及截留计算

DHSVM 采用两层植被模式，即每个栅格单元都由一个冠层与一个地面植被层构成。其中每层又分为潮湿与干燥的两部分。如果存在林冠的话，可能覆盖整个栅格单元，或者覆盖其中的一部分，而地面植被层或裸露土壤层覆盖整个栅格单元。

截留在冠层的水量以潜在蒸散发率从潮湿部分蒸发掉，而干燥部分的蒸腾量采用 Penman-Monteith 公式进行计算。潜在蒸散发率通过减去冠层的蒸散发（包括潮湿部分和干燥部分）进行修正，地面植被层的蒸散发率则根据修正的潜在蒸散发率进行计算。这种逐步计算的方法允许冠层和地表层的潮湿部分在同一时段内蒸散发至含水量为零，但必须保证冠层与地表层总的蒸散发率不可以大于空气所能吸收水分的总量（即冠层的潜在蒸散发率）。

植被湿表面的截留水蒸发等于潜在蒸散发率（最大蒸发能力）：

$$E_{po} = \frac{\Delta R_{no} + \rho c_p (e_s - e) / r_{ao}}{\lambda_v (\Delta + \gamma)} \tag{5-80}$$

式中，Δ 为饱和水汽压与气温关系曲线的斜率；R_{no} 为太阳净辐射通量密度；ρ 为空气密度；c_p 为空气比热（常压下）；e_s 为饱和水汽压（空气温度下）；e 为水汽压；r_{ao} 为空气动力学阻力（冠层蒸发面和参考高度间水汽传输的空气阻力）；λ_v 为水汽汽化的潜热；γ 为空气湿度常数。

干燥植被表面的蒸散发率采用 Penman-Monteith 公式计算：

$$E_{tj} = E_{pj} \frac{\Delta + \gamma}{\Delta + \gamma (1 + r_{cj} / r_{aj})} \tag{5-81}$$

式中，E_{tj} 为蒸散发率；E_{pj} 为潜在蒸散发率的近似值；r_{cj} 为冠层对水汽的阻力；r_{aj} 为空气动力学阻力。

2. 非饱和壤中流计算

表层土壤会接收植被下渗的降水、融雪水及来自邻近栅格单元内的地表径流。最大入渗率能计算时段内土壤所能吸收的总水深。超过土壤蓄水能力的水则会形成地表径流。不饱和土壤水的运动采用多层土壤模型进行模拟。每一植被都可能吸收一层或者多层土壤的水分，每一土壤层则包含一种或者多种植被的根系部分。根据 Penman-Monteith 公式，分别计算给定冠层在每一层的蒸腾量，然后乘以该土壤层的根系比。

上、中、下三层土壤的质量平衡方程分别为

$$d_1 \left(\theta_1^{t+\Delta t} - \theta_1^t \right) = I_f - Q_v(\theta) - \sum_{j=1}^{2} f_{rj1} E_{tj} - E_s + V_{ex2} - V_{ex1} \tag{5-82}$$

$$d_k \left(\theta_k^{t+\Delta t} - \theta_k^t \right) = Q_v(\theta_{k-1}) - Q_v(\theta_k) - \sum_{j=1}^{2} f_{rjk} E_{tj} + V_{exk+1} \tag{5-83}$$

$$d_{ns} \left(\theta_k^{t+\Delta t} - \theta_k^t \right) = Q_v(\theta_{ns-1}) + \left(Q_{s\text{in}}^t - Q_s^t \right) \Delta t \tag{5-84}$$

式中，d_k 为土壤层的厚度；θ_k 为平均土壤含水量；I_f 为时段内渗入土壤层的水量；Q_v 为流入下层的水量；f_{rjk} 为第 k 土壤层对第 j 植被层的根系比；V_{exk} 为由于地下水位上升对土壤水的补给；E_s 为上层土壤层的蒸散发；$Q_{s\text{in}}^t$ 和 Q_s^t 分别为计算时段初侧向壤中流的入流量和出流量。模型先计算上层土壤层的入渗量，然后再沿垂直方向从上层向底层计算输移水量（Q_v）。下层土壤层的饱和壤中流的净增量为（$Q_{s\text{in}} - Q_s$），各层土壤含水量更新为 $\theta_k^{t+\Delta t}$。

随后再从下层开始依次检查各层的土壤含水量，如果土壤含水量超过该层的孔隙率，即 $\theta_k^{t+\Delta t} > \varphi_k$，那么 $V_{exk} = \theta_k^{t+\Delta t} - \varphi_k$，土壤含水量就等于孔隙率，否则，超过上层土壤含水量的水量就是浅层回归流，回归流形成坡面流。假定 Brooks-Corey 方程的单位水力梯度用于计算水力传导率，采用达西定律计算非饱和土壤水向下层的渗流率 q_v，并基于 Eagleson[29] 提出的解吸率 F_e 计算方法计算土壤蒸发量。

3. 饱和壤中流计算

DHSVM 水文模型采用运动波或扩散波近似法来逐个计算各栅格的饱和壤中流。模型栅格以 DEM 的高程节点为中心。栅格对其周围相邻 8 个栅格的指向用指数 k（0～7）表示，按顺时针方向从正北开始进行编号。在土层较薄、渗透性好的陡坡上，水力梯度近似为局部的地面坡度（运动波）。在地势起伏不大的地区，水力梯度近似为局部的水位梯度（扩散波假设）。

栅格 (i, j) 在 k 方向上的饱和壤中流的输移率为

$$q_{s_{i,j,k}} = w_{i,j,k} \beta_{i,j,k} T_{i,j}(z, D) \tag{5-85}$$

式中，$w_{i,j,k}$ 为 k 方向上栅格流线宽度；$\beta_{i,j,k}$ 为 k 方向上地下水位线的坡度；$T_{i,j}(z, D)$ 为栅格输移率。假定土壤侧向饱和水力传导率随土层深度呈指数递减，式（5-85）中的输移率的计算公式为

$$T_{i,j}(z, D) = \frac{K_{i,j}}{f_{i,j}} \left(e^{-f_{i,j} z_{i,j}} - e^{-f_{i,j} D_{i,j}} \right) \tag{5-86}$$

式中，$K_{i,j}$ 为表层土壤侧向饱和水力传导率；$f_{i,j}$ 为衰减系数；$D_{i,j}$ 为栅格土壤层厚度；z 为地下水位埋深；栅格单元饱和壤中流的总出流等于式（5-85）计算的各方向的出流量的和。

4. 坡面流计算

在栅格上坡面流由以下三部分组成：①降雨和融雪水之和超出最大下渗能力

（超渗产流）；②饱和栅格单元上的降雨、融雪水（蓄满产流）；③地下水位超出地面（回归流）。计算坡面流的方法有两种，第一种是逐栅格计算法，第二种是单位线法。如果栅格内有公路或河道截留则必须采用前者。

采用逐栅格的方法计算坡面流类似于壤中流的计算。Wigmosta 和 Lettenmaier[30]给出了栅格（i，j）在 k 方向上的坡面计算公式：

$$qQ_{i,j,k} = w_{i,j,k} v_{i,j} y_{i,j} \tag{5-87}$$

式中，$v_{i,j}$ 为栅格内水流速度；$y_{i,j}$ 为栅格内水流深度；$w_{i,j,k}$ 为 k 方向上的栅格流线宽度。栅格单元坡面流的总出流量 $Q_{O_{i,j}}$ 等于式（5-87）计算的各方向的流量之和。计算时段末的地表水水量为

$$S_{O_{i,j}}^{t+\Delta t} = S_{O_{i,j}}^{t} + V_{exl_{i,j}} + I_{ex_{i,j}} + \left(Q_{Oin_{i,j}} + Q_{cvrt_{i,j}} - Q_{O_{i,j}} \right) \Delta t \tag{5-88}$$

式中，$Q_{Oin_{i,j}}$ 为坡向上端的栅格流向栅格（i，j）的总的坡面流流量；$I_{ex_{i,j}}$ 为超渗产流量；$Q_{cvrt_{i,j}}$ 为河道流回栅格的水量；模型中的流速采用定值 $v = \Delta x / \Delta t$；Δx 为栅格宽度；$S_{O_{i,j}}^{t}$ 为地表水量；$V_{exl_{i,j}}$ 为栅格内回归流体积。式（5-88）表明时段内栅格坡面流的出流量等于时段初地表水的存储量。

5. 河道汇流计算

属性为公路排水沟和河道的栅格流量演算都是采用串联的线性水库计算。公路排水沟和河道是由任意个数的独立河段组成，每一河段有各自的水力学参数。每一河段的侧向入流来自于该河段经过的流域栅格的入流，包括坡面流和被道路或河道截留的壤中流。某一河段的出流会流入另一河段或流出该流域。某一段公路排水沟的出流也有可能流回到沟渠所在的流域栅格内，在这种情况下，该段排水沟的出流量就会加到栅格的地表水里，这部分水可能会再次渗透到土壤层中，也可能成为坡面流的一部分。

进行河道汇流计算时可以采用相对简单的但是很稳健的线性槽蓄法。每条河流看成是宽度为常数的水库，出流量与槽蓄量呈线性关系。呈线性关系的出流量与槽蓄量决定了一个常流速，该流速通过曼宁方程求解，根据参考水深和相应的水力半径，时段末蓄水量的计算公式为

$$V_C^{t+1} = \frac{Q_{in}}{k} + \left(V_C^t - \frac{Q_{in}}{k} \right) \exp(-k\Delta t) \tag{5-89}$$

式中，Q_{in} 为时段内各河段平均的上游河段入流量和侧向入流量；Δt 为计算时段；k 为存储系数：

$$k = \frac{R_r^{2/3} \sqrt{S_0}}{n \Delta L} \tag{5-90}$$

式中，R_r 为参考水深的水力半径；S_0、ΔL 和 n 分别表示河道坡降、河道长度和

河床糙率。河段平均出流量由水量平衡方程求得：

$$Q_{\text{out}} = Q_{\text{in}} - \left(V_c^{t+1} - V_c^t \right) / \Delta t \tag{5-91}$$

6. 模型改进

在改进的 DHSVM 模型中，对坡面地表径流与壤中流进行逐栅格汇流演算，由流域低洼处汇入河道栅格（图 5-7）。由于岩溶流域地表、地下裂隙发育，坡面流过程受表层岩溶带细小裂隙控制。考虑细小裂隙对坡面流的汇集作用，采用裂隙渗流立方定律计算裂隙渗流量，栅格单元渗流量进入大的裂隙系统，以管道或地下暗河流出流域出口断面，共同组成快速汇水系统。大的裂隙或管道汇流系统多处于流域低洼处，可按地表水系生成方式根据 DEM 生成，水流由高处向低处通过栅络逐级汇流，最终形成流域出口径流[13]。

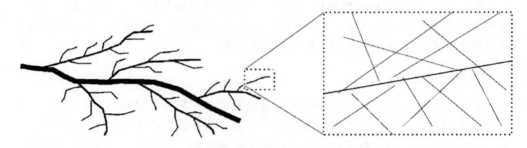

图 5-7　DHSVM 模型流域汇水网络系统

在快速汇流栅格系统中，采用改进的裂隙渗流立方定律计算裂隙渗流量，并计算单元内细小裂隙控制的汇流过程。

当 $q_L \geqslant V_1$ 时，

$$q = C \frac{\rho g b^3}{12 \eta} J \tag{5-92}$$

当 $q_L < V_1$ 时，

$$q = q_L \tag{5-93}$$

式中，q、q_L 分别为细小裂隙单宽渗流量与孔隙介质中侧向流入裂隙的水量；J 为水力梯度，山区地带、地形坡度，可近似为水力梯度；b 为裂隙宽度；g 为重力加速度；ρ 为水流密度；η 为水流的动力黏滞系数，在 25℃时，$\eta = 9.03 \times 10^{-4} \text{Pa·s}$；$C$ 为修正系数；V_1 为裂隙容积。

如计算单元为由 n 条细小裂隙汇集到该单元附近的下一级较大裂隙汇水栅格，则该汇水通道流量 Q_{out} 为 n 条裂隙渗流量之和。

当 $\left(Q_{\text{in}}+V_C^t\right)>aV$ 时，

$$Q_{\text{out}}=nqh \tag{5-94}$$

当 $\left(Q_{\text{in}}+V_C^t\right)\leqslant aV$ 时，

$$Q_{\text{out}}=0 \tag{5-95}$$

$$V_C^{t+1}=Q_{\text{in}}+V_C^t-Q_{\text{out}} \tag{5-96}$$

式中，Q_{out} 为时段内汇水通道出流量；Q_{in} 为上一级汇水通道侧向的入流量；V_C^t、V_C^{t+1} 分别为时段初与时段末的汇水通道蓄水量；V 为某一单元内快速汇水栅格汇水通道容积；n 为计算单元内所含细小裂隙数量；h 为单条裂隙深度；a 为比例系数。

由管道、地下河或河道控制的汇流过程采用线性槽蓄法进行计算。每一计算单元内汇水通道看作宽度为常数的水库，出流量与槽蓄量呈线性关系，计算公式见式（5-89）～式（5-91）。

5.4 本章小结

岩溶水文模型是目前用于岩溶流域降雨径流过程模拟的主要工具，根据是否考虑岩溶流域补给及内部空间结构的空间分布差异性，可分为概念性模型及分布式模型。概念性模型一般将整个流域作为一个整体，忽略流域内部各因素空间分布的差异性，模型结构相对简单，实用性强，在研究复杂地区水循环特点时体现了其概化能力强、模拟精度高的特点，可以为岩溶流域水循环模拟及水资源预测提供一定的借鉴，但缺乏描述流域生态系统和水文系统内在联系。

分布式岩溶水文模型基于构建整个岩溶流域离散后的二维或三维网格单元，通过连续水量及能量方程求解每个网格单元的水循环过程，并采用严密的数学物理方程描述网格单元间的水力联系，因此分布式岩溶水文模型的参数及变量均考虑了空间变异性，能够更准确地描述岩溶流域内部的水文过程。相比于集总式岩溶水文模型，分布式岩溶水文模型能够充分利用植被、土壤、地貌、土地利用及地表地下二元水文结构等空间分布信息，更好地解析流域内地表径流、壤中流、地下径流及蒸散发等水文要素的空间变异性，同时能够更好地描述岩溶流域内部的水循环过程。但分布式岩溶水文模型往往需要高精度分辨率（0.01～1km）地下岩溶二元三维空间系统的分布及相同分辨率下的水文地质参数（给水度、渗透系数、导水系数等）作为输入，受限于实际的观测资料及观测手段，获取试验区以外大尺度非均质各向异性岩溶含水系统的地下空间结构及参数是较为困难的。当基于小尺度试验区构建的基于物理过程的全分布式岩溶水文模型，应用于流域尺度时，过参数化增加了模型确定的难度，也增大了模型的不确定性，降低了模型的适用性。同时，当前对于表层岩溶带产汇流机制、岩溶基质流与管道流水量转换、岩溶地下河与地表河互馈机制等岩溶系统水循环过程的认识还有待深入。因此，当前对于理论认识的不深刻及基础数据的不完善制约了分布式岩溶水文模型在岩溶流域的应用。同时，目前分布式岩溶水文模型大多是基于闭合自然流域进行建模的，但大部分岩溶流域地表及地下分水线并不重合，且岩溶流域地下水径流量占流域水量的比例较大，表层岩溶带的地表、地下水量交换频繁，因此模拟表层岩溶带水文过程中地表水、地下水转化关系是构建分布式岩溶水文模型的关键。

参 考 文 献

[1] 陈石磊，熊立华，查悉妮，等. 考虑喀斯特地貌的分布式降雨径流模型在西江流域的应用[J]. 人民珠江，2020，41（5）：17-24.

[2] Bonacci O，Pipan T，Culver D C. A framework for karst ecohydrology[J]. Environmental Geology，2009，56：891-900.

[3] Hartmann A，Goldscheider N，Wagener T，et al. Karst water resources in a changing world：Review of hydrological modeling approaches[J]. Reviews of Geophysics，2014，52（3）：218-242.

[4] 宋万祯，雷晓辉，许波刘，等. 岩溶地区水文模拟研究[J]. 中国农村水利水电，2015，（7）：54-57.

[5] 许波刘，董增川，洪娴. 集总式喀斯特水文模型构建及其应用[J]. 水资源保护，2017，33（2）：37-42.

[6] Rimmer A，Salingar Y. Modelling precipitation-streamflow processes in karst basin：The case of the Jordan river sources，Israel[J]. Journal of Hydrology，2006，331（3-4）：524-542.

[7] Ding H H，Zhang X M，Chu X W，et al. Simulation of groundwater dynamic response to hydrological factors in karst aquifer system[J]. Journal of Hydrology，2020，587：124995.

[8] Xu C H，Xu X L，Liu M X，et al. An improved optimization scheme for representing hillslopes and depressions in karst hydrology[J]. Water Resources Research，2020，56（5）：e2019WR026038.

[9] Martínez-Santos P，Andreu J M. Lumped and distributed approaches to model natural recharge in semiarid karst aquifers[J]. Journal of Hydrology，2010，388（3-4）：389-398.

[10] Vieux B E，Cui Z，Gaur A. Evaluation of a physics-based distributed hydrologic model for flood forecasting[J]. Journal of Hydrology，2004，298（1-4）：155-177.

[11] Krajewski W F，Ceynar D，Demir I，et al. Real-time flood forecasting and information system for the state of Iowa[J]. Bulletin of the American Meteorological Society，2017，98（3）：539-554.

[12] 吴险峰，刘昌明. 流域水文模型研究的若干进展[J]. 地理科学进展，2002，21（4）：341-348.

[13] Zhang Z C，Chen X，Ghadouani A，et al. Modelling hydrological processes influenced by soil，rock and vegetation in a small karst basin of southwest China[J]. Hydrological Processes，2011，25（15）：2456-2470.

[14] Doummar J，Sauter M，Geyer T. Simulation of flow processes in a large scale karst system with an integrated catchment model（Mike She）：Identification of relevant parameters influencing spring discharge[J]. Journal of Hydrology，2012，426：112-123.

[15] Li J，Hong A H，Yuan D X，et al. Elaborate simulations and forecasting of the effects of urbanization on karst flood events using the improved karst-liuxihe model[J]. Catena，2021，197：104990.

[16] Malagò A，Efstathiou D，Bouraoui F，et al. Regional scale hydrologic modeling of a karst-dominant

geomorphology: The case study of the Island of Crete[J]. Journal of Hydrology, 2016, 540: 64-81.

[17] Chen S L, Xiong L H, Zeng L, et al. Distributed rainfall-runoff simulation for a large-scale karst catchment by incorporating landform and topography into the DDRM model parameters[J]. Journal of Hydrology, 2022, 610: 127853.

[18] Campbell C W, Sullivan S M. Simulating time-varying cave flow and water levels using the storm water management model[J]. Engineering Geology, 2002, 65 (2-3): 133-139.

[19] Zhao R J. The Xinanjiang model applied in China[J]. Journal of Hydrology, 1992, 135: 371-381.

[20] 庄一鸰, 李杰友, 张健云, 等. 乌江渡流域水文模型[J]. 水文, 1989, (3): 1-7.

[21] 庄一鸰, 刘新仁, 胡方荣. 湿润地区地下水丰富流域降雨径流模型[J]. 河海大学学报（自然科学版）, 1980, (2): 44-58.

[22] Jukić D, Denić-Jukić V. Groundwater balance estimation in karst by using a conceptual rainfall-runoff model[J]. Journal of Hydrology, 2009, 373 (3-4): 302-315.

[23] 熊立华, 郭生练, 田向荣. 基于 DEM 的分布式流域水文模型及应用[J]. 水科学进展, 2004, 15 (4): 517-520.

[24] 曾凌, 熊立华, 杨涵. 西江流域卫星遥感与水文模型模拟的两种土壤湿度对比研究[J]. 水资源研究, 2018, 7 (4): 339-350.

[25] Storck P, Bowling L, Wetherbee P, et al. Application of a GIS-based distributed hydrology model for prediction of forest harvest effects on peak stream flow in the Pacific Northwest[J]. Hydrological Processes, 1998, 12 (6): 889-904.

[26] 赵求东. WRF + DHSVM 融雪径流预报模式研究[D]. 乌鲁木齐: 新疆大学, 2008.

[27] 张志才, 陈喜, 余超, 等. 喀斯特流域分布式水文模型研究[C]//第六届中国水论坛学术研讨会, 成都, 四川, 2008, 785-788.

[28] 张志才, 陈喜, 石朋, 等. 喀斯特流域分布式水文模型及植被生态水文效应[J]. 水科学进展, 2009, 20 (6): 806-811.

[29] Eagleson P S. Climate, soil, and vegetation: 3. A simplified model of soil moisture movement in the liquid phase[J]. Water Resources Research, 1978, 14 (5): 722-730.

[30] Wigmosta M S, Lettenmaier D P. A comparison of simplified methods for routing topographically driven subsurface flow[J]. Water Resources Research, 1999, 35 (1): 255-264.

第6章 传统新安江岩溶水文模型构建及应用

6.1 引　　言

我国西南地区是世界上岩溶分布最广泛，类型最复杂的区域之一[1]。在岩溶区，地貌、土壤、裂隙和地表、地下水系控制产汇流过程及地表水与地下水转化。由于表层岩溶带裂隙率高、渗透性好、蓄水容量大，大部分降水入渗到浅层岩溶带含水层，浅层岩溶带与下部管道流相连接，以地下径流形式汇集到流域出口断面[2]。落水洞等岩溶洼地往往是地表水直接汇集进入地下水系的通道。岩溶流域这种地表、地下二元结构增加了水文循环及生态水文连接的复杂性[3]，同时也造成这些流域降雨径流暴涨暴落，形成洪涝灾害。本章选取位于广西平果市内的典型岩溶流域平治河流域为研究区，揭示平治河流域产汇流过程，在三水源新安江模型的基础上，采用二层蒸发模型模拟岩溶流域径流过程，建立适应该流域的洪水预报方案，为该流域的防灾减灾和水利工程规划设计等提供借鉴，为合理科学地开发利用岩溶地区的水资源提供参考。

6.2　岩溶水文模型构建

6.2.1　模型结构

根据岩溶流域较强的储水性能及径流调节能力的特点，改进三水源新安江模型来模拟其降雨径流规律。参照三水源新安江模型，用二层蒸发模型计算蒸散发；产流计算采用蓄满产流模型；用自由水蓄水库结构将径流划分为地表径流（RS）、壤中流（RI）、地下径流（RG），并进一步把地下径流分为快速地下径流（RG_Q）和慢速地下径流（RG_L）。坡地汇流、河网汇流采用线性水库法，河道汇流采用马斯京根法。模型流程如图6-1所示。

6.2.2　模型计算

1. 计算流程

考虑降雨分布不均匀性和下垫面分布不均匀性，将计算流域划分为 N 个大小适当单元流域,对划分好的每个单元流域分别进行蒸散发计算、产流计算、水源划分计算和汇流计算,得到单元流域出口的流量过程;对单元流域出口的流量过程进行出口以下的河道汇流计算,得到该单元流域在全流域出口的流量过程;将每个单元流域在全流域出口的流量过程线性叠加,即为全流域出口总的流量过程。其中,蒸散发模块采用二层蒸发模型,产流模块及水源划分与三水源新安江模型一致。

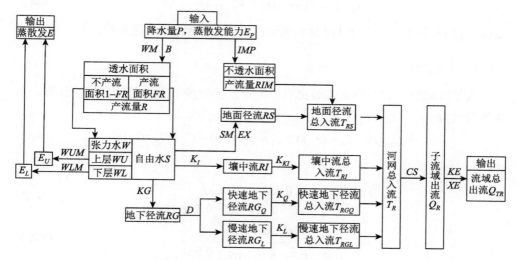

图 6-1 改进的新安江水文模型流程图

2. 蒸散发计算

南方岩溶流域,上层和下层的土壤含水量丰沛,深层蒸发很少发生,故本节模型采用二层蒸发模型。此模型结构把土壤含水量 WM 分为上层 WUM 和下层 WLM,上层按流域蒸散发能力蒸发,下层蒸散发与下层土壤含水量成正比。蒸发先消耗上层土壤含水量,直到上层水分耗尽,再蒸发下层,降雨先补充上层再补充下层。计算公式为

当 $P+WU_0 \geqslant E_P$ 时,

$$E_U = E_P, E_L = 0 \tag{6-1}$$

当 $P+WU_0 < E_P$ 时,

$$E_U = P+WU_0, \ E_L = (E_P - E_U) \times WL_0/WLM \tag{6-2}$$

$$E = E_U + E_L \tag{6-3}$$

式中符号含义与前文一致。

3．汇流计算

流域汇流计算包括坡地和河网两个阶段。坡地汇流计算模式与三水源新安江模型一致。

单元面积的河网汇流是指水流由坡面进入河槽后，继续沿河网汇集的过程，河网汇流采用线性水库法，计算公式为

$$Q_R(t) = Q_R(t-1)CS + T_R(t)(1-CS) \tag{6-4}$$

式中，$Q_R(t)$ 为单元出口处 t 时刻的流量；CS 为河网蓄水消退系数。

4．河道汇流

从子流域出口到整个大流域出口是河道汇流阶段，采用马斯京根法计算，其计算公式为

$$Q_{TR}(t) = C_0 \times Q_R(t) + C_1 \times Q_R(t-1) + C_2 \times Q_{TR}(t-1) \tag{6-5}$$

式中，

$$C_0 = \frac{0.5\Delta t - KE \times XE}{KE - KE \times XE + 0.5\Delta t} \tag{6-6}$$

$$C_1 = \frac{0.5\Delta t + KE \times XE}{KE - KE \times XE + 0.5\Delta t} \tag{6-7}$$

$$C_2 = \frac{KE - KE \times XE - 0.5\Delta t}{KE - KE \times XE + 0.5\Delta t} \tag{6-8}$$

式中，Q_R 和 Q_{TR} 分别为子流域出流量和流域总出流量；KE 为槽蓄系数，反映河道汇流马斯京根法中流量在河段中的传播时间，为了保证马斯京根法中流量呈线性关系，取 $KE \approx \Delta t$，Δt 为演算时段；XE 是一个反映洪水波在运动过程中洪峰衰减、形状坦化的物理参数，常为 0～0.5。C_0、C_1 和 C_2 都是 KE、XE 和 Δt 的函数，只要确定 KE、XE 和 Δt 的值，就可以求得 C_0、C_1 和 C_2，通过上游断面入流过程的初始条件，使用式（6-5）～式（6-8）逐时段求得下游断面的流量过程。

6.2.3　模型参数

根据模型结构，参数可分为蒸散发计算、产流计算、水源划分计算和汇流计算四类，其中蒸散发计算参数 3 个（K，WUM，WLM），产流计算参数 3 个（WM，B，IMP），水源划分参数 4 个（SM，EX，KG，KI），汇流计算 7 个（K_{KI}、KE、XE、CS、D、K_Q、K_L）。各参数的名称及物理意义如表 6-1 所示。

表 6-1 模型参数名称及物理意义

参数		名称	物理意义
蒸散发计算	K	蒸散发折算系数	反映流域平均高程与蒸发站高程差别的影响和蒸发皿蒸散发与陆面蒸散发差别的影响
	WUM	上层张力水容量	与流域植被、地表坑洼、土层结构有关
	WLM	下层张力水容量	
产流计算	WM	流域平均蓄水容量	表示流域干旱程度
	B	蓄水容量曲线的指数	反映流域张力水蓄水分布的不均匀程度
	IMP	不透水面积占全流域面积之比	不透水面积占全流域面积之比
水源划分	SM	自由水蓄水容量	反映表层土蓄水能力，与地质结构有关
	EX	自由水蓄水容量曲线指数	反映流域自由水蓄水分布的不均匀程度，大体上反映了饱和坡面流产流面积的发展过程
	KG	地下水出流系数	反映基岩和深层土壤的渗透性
	KI	壤中流出流系数	反映表层土的渗透性
汇流计算	K_{KI}	壤中流消退系数	反映壤中流退水快慢
	D	快速地下径流在地下水总径流中所占的比例	快速地下径流在地下水总径流中所占的比例
	K_Q	快速地下径流消退系数	反映岩溶含水层系统大裂隙管道流的快慢
	K_L	慢速地下径流消退系数	反映岩溶含水层系统细小裂隙流的快慢
	KE	槽蓄系数	反映流量的传播时间
	XE	流量比重因素	反映洪水波的坦化程度
	CS	河网蓄水消退系数	反映河网的地貌特征

6.3 实 例 应 用

6.3.1 研究区概况

1. 自然地理概况

平治河发源于广西百色市平果市西北同老乡那禄村与田东县交界处，地理坐标为东经 107°23′~107°51′，北纬 23°42′~23°50′，自西北向东南流。平治河流域控制站凤梧水文站所控制的流域集水面积为 963km³，整个流域近似圆形。流域相对高程为 211~919m，平均高程为 414m。流域内岩溶区约占 50%，分布在流域的东西南三面，流域的中部和北部为非岩溶区。在岩溶区内，岩溶构造显著，天窗、漏斗、落水洞分布较为广泛。在非岩溶区，是砂页岩出露的侵蚀剥蚀低山丘陵地貌，其下部为灰岩和白云岩夹凝灰岩。流域内植被较好，主要林分为常绿落叶混交林，在岩溶地区多为一些灌木、杂木、竹林等。

2. 水系概况

平治河属于红水河一级支流，上游称达洪江，达洪江干流长 34.4km，流经同老、享利、春德、常星等村于长安村与黎明河交汇，流域面积 963km²，多年平均流量 4.13m³/s，枯水流量 0.5m³/s，年径流量 2.46 亿 m³。达洪江干流段天然落差 49m，水能资源理论蕴藏量 3325kW，可开发 2132kW，已开发 806kW。达洪江流至榜圩镇长安村与黎明河汇合后称平治河。向东南流至凤梧乡仕仁村由达赛河汇入，至堆圩乡百丰村潜入地下，出平果市境，流经大化瑶族自治县贡川乡龙眼村注入红水河。平治河干流河长 81km，主要支流有黎明河、达赛河，干、支流总长 165.5km，河网密度为 0.23。流域内海城乡、旧城镇、榜圩镇等地下水资源比较丰富。

支流黎明河，发源于黎明乡龙运村良宏屯，流域面积 226km²，落差 5.2m，河面平均宽度 50m，窄处 10m，多年平均流量 3.92m³/s，枯水流量 0.1m³/s，年径流量 1.3 亿 m³。流经龙运村、黎明村，在黎明村与福吉村交界的石山村潜入地下，至福吉村复明流，福吉河溪汇入，流至长安村，汇入平治河。水能资源理论蕴藏量 564kW，可开发 37kW，已开发 22kW。已建小型水库 4 座，总库容 374.6 万 m³，引水工程 2 处。

支流达赛河，发源于海城乡伏山村，河流全长 44km，落差 36.4m，流经贵良、那海、拥齐、万康、雄烈、发达等村至仕仁村汇入平治河。流域面积 417km²，多年平均流量 7.24m³/s，枯水流量 0.6m³/s，年径流量 2.4 亿 m³，水能资源理论蕴藏量 2296kW，可开发 1374kW，已开发 51kW。建成中型水库 1 座，小型水库 8 座，总库容 3427.4 万 m³，引水工程 9 处。

3. 水文气象特征

平治河流域属于亚热带季风气候区，主要特征为日照长，气温高，雨水丰；夏热冬暖，夏长冬短。夏湿冬干，雨热同期，夏秋常受热带气旋影响。流域春季阴雨连绵，夏季高温湿热；夏秋季台风频繁，冬季少雨少寒。

平治河流域多年平均气温在 18～22℃，一般年份最高气温在 37～39℃，多出现在 5～7 月；一般年份最低气温 1～3℃，多出现在 1 月，年较差 15℃左右，山区小于平原。1～7 月温度逐月递升，以春季 3～5 月升高最快，各月递升均在 3.5℃以上；8 月以后温度逐月下降，尤以 10 月和 11 月降温迅速，月降温幅度在 3.6℃以上。从 4 月中旬开始进入夏季，至 10 月上旬结束，长达半年左右，冬季候温在 10℃以上，冬无严寒。

流域雨量充沛，多年平均降水量为 1517mm。由于受南北季风的影响，流域降水量时空分布极不均匀，特别是春、夏和秋、冬南北季风的交替时期尤为显著，并且，年际间降水量差异也较大。每年 4～9 月为汛期，期间多受冷锋、静止锋、低压、台风等天气系统影响，汛期降水量占全年总降水量的 80%左右（图 6-2a）。因此，少雨的年份常常发生干旱；盛夏降雨集中，因而多雨年份常发生洪涝。

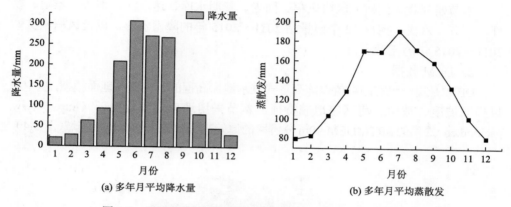

(a) 多年月平均降水量　　(b) 多年月平均蒸散发

图 6-2　平治河流域多年月平均降水量、多年月平均蒸散发

流域多年平均蒸散发为 1571.9mm，年蒸散发大于年总降水量，特别是 11 月至次年 3 月更盛，经常发生干旱，其他各月降水量与蒸散发基本平衡，其中 6～8 月降水量大于蒸散发（图 6-2b）。据凤梧水文站资料，多年平均流量为 24m^3/s，枯水期流量 1.11m^3/s，多年平均径流量 7.51 亿 m^3，径流的年际变化较大。凤梧水文站 2010～2015 年径流量如图 6-3 所示。

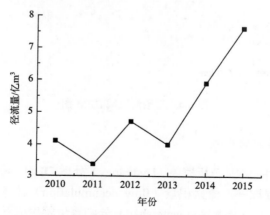

图 6-3　凤梧水文站 2010～2015 年径流量

6.3.2　数据收集及资料处理

1. 资料收集

1）水文气象数据

本节研究收集到研究区内凤梧、同老、黎明水库、达洪江、那班、雄笔、榜圩、百齐、六伐、拥良 10 个雨量站 2011～2015 年的降雨资料，以及凤梧水文站 2011～2015 年的流量资料。

2）DEM 数据

DEM 是用一组有序数值以阵列形式表示地面高程的一种实体地面模型，从中可以提取坡度、坡向、河网等地貌特征。本节采用地理空间数据云（https://www.gscloud.cn）提供的 SRTMDEM 90m 分辨率的原始高程数据来构建数字流域（图6-4）。

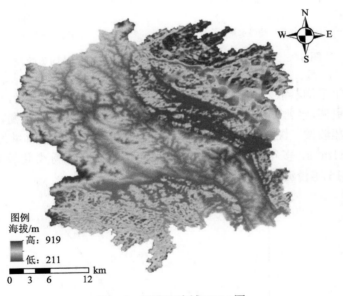

图 6-4　平治河流域 DEM 图

2. 水系和子流域的生成

用 ArcGIS 软件的水文分析模块（Hydrology）处理 DEM。经填注（fill）→流向（flow direction）提取→汇流累积量（flow accumulation）计算→栅格河网矢量化（Stream to Feature）→集水区（watershed）分割等步骤生成数字流域并进行子流域划分。利用数字高程模型生成水系流程如图 6-5 所示。

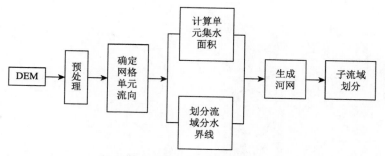

图 6-5　流域水系提取流程图

首先，确定网格中水流方向。采用 D8 算法确定网格中的水流方向。在规则网格模型中，水流有 8 种流向，分别用 8 个数字表示：1 代表东，2 代表东南，4 代表南，8 代表西南，16 代表西，32 代表西北，64 代表北，128 代表东北（图 6-6），取最大坡度方向作为网格中水流的流向。由于洼地和平坦区域的存在，使得水流方向的确定较困难。因此，在确定水流方向前，应对原始 DEM 进行填洼处理（图 6-7a 和图 6-7b），并生成新的水流方向。其次，计算汇流累积量。汇流累积量的基本思想是以规则网

32	64	128
16		1
8	4	2

图 6-6　水流流向编码

格表示数字高程模型每点处有一个单位的水量，按照水流从高往低流的规律，根据区域地形的水流方向数据计算每点处所流过的水量，便得到了该区域的汇流累积量（图 6-7c）。再次，确定河网水系。当汇流量达到一定的值时，就会产生地表水流，所有汇流量大于该值时就是潜在的水流路径，这些水流路径构成了河网水系。然后设定一个阈值来约束河流长度，以便更符合实际，本节研究设定的阈值为 600，

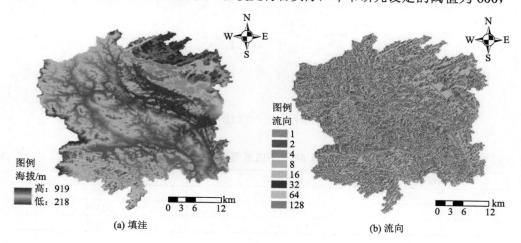

(a) 填洼　　　　　　　　　　　　　　　　　(b) 流向

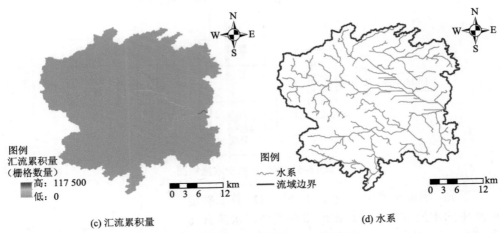

(c) 汇流累积量　　　　　　　　　　　　　　　(d) 水系

图 6-7　平治河流域前期水文处理过程

生成的水系如图 6-7d 所示。最后，确定流域出口位置，采用 Hydrology 工具集中的 watershed 工具识别流域分水线，划分子流域。本节研究根据流域的水系及地形特征，将流域划分为 9 个子流域（图 6-8），各子流域的面积见表 6-2。

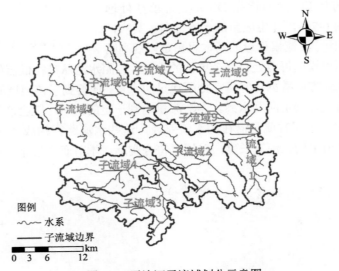

图 6-8　平治河子流域划分示意图

表 6-2　子流域面积分配

子流域编号	面积/km²	占总面积比例
1	87.534	0.0867
2	141.242	0.1399
3	113.340	0.1123

续表

子流域编号	面积/km²	占总面积比例
4	85.663	0.0849
5	159.589	0.1580
6	87.200	0.0864
7	110.269	0.1092
8	132.520	0.1313
9	92.115	0.0913

3. 雨量权重计算

采用泰森多边形雨量权重法计算各子流域平均面雨量，泰森多边形雨量权重法采用基于 DEM 的流域边界和泰森多边形权重交互计算的方法，求得每个雨量站在各子流域的控制面积和权重系数，以此求各子流域的平均面雨量，计算公式为

$$\overline{P_j} = \frac{\sum_{i=1}^{n} a_{ij} P_i}{A_j} (j = 1, 2, 3, \cdots, 9) \tag{6-9}$$

式中，$\overline{P_j}$ 为各子流域的面平均降水量，mm；P_i 为各雨量站的降水量，mm；A_j 为各子流域面积，km²；a_{ij} 为第 i 个雨量站在第 j 个子流域的控制面积，km²；n 为全流域雨量站个数。

泰森多边形划分示意见图 6-9，雨量站权重计算结果见表 6-3。

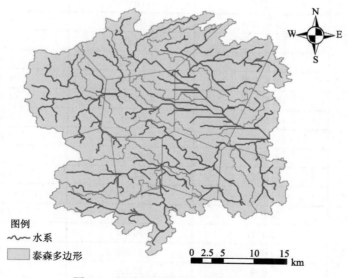

图 6-9　平治河流域泰森多边形示意图

表 6-3　各子流域中控制雨量站的权重

子流域编号	控制雨量站	雨量站控制面积/km²	雨量站权重
1	凤梧	44.780	0.5116
	六伐	42.752	0.4884
2	六伐	35.512	0.2514
	雄笔	57.999	0.4106
	拥良	5.040	0.0357
	百齐	10.262	0.0727
	达洪江	14.815	0.1049
	榜圩	7.130	0.0505
	凤梧	10.484	0.0742
3	拥良	64.643	0.5703
	那班	30.673	0.2706
	百齐	4.447	0.0392
	雄笔	13.578	0.1198
4	那班	43.628	0.5095
	百齐	41.533	0.4850
	拥良	0.471	0.0055
5	同老	117.383	0.7355
	那班	21.389	0.1340
	百齐	7.543	0.0473
	达洪江	11.968	0.0750
	黎明水库	1.305	0.0082
6	同老	10.627	0.1219
	达洪江	35.683	0.4092
	黎明水库	40.890	0.4689
7	黎明水库	77.387	0.7018
	达洪江	8.965	0.0813
	榜圩	23.916	0.2169
8	黎明水库	26.405	0.1993
	榜圩	82.261	0.6207
	凤梧	23.854	0.1800
9	黎明水库	1.249	0.0136
	达洪江	20.047	0.2176
	榜圩	48.580	0.5274
	凤梧	22.239	0.2414

4. 洪水场次选择

本节研究收集平治河流域 2011~2015 年的降雨、径流、蒸发资料并用程序插值处理成 1h 时段，对于部分站点缺失的数据用相邻站点的数据代替，从 2011~2013 年的水文资料中选择数据较完整的 7 场洪水作为率定期洪水，从 2014~2015 年的水文资料中选择 8 场洪水作为验证期洪水，各场次的具体信息如表 6-4 所示。

表 6-4　选择洪水场次表

时期	洪水场次	降水量/mm	径流深/mm	洪峰流量/ (m³/s)
率定期	20110624	183.05	56.80	131.00
	20110930	324.50	109.89	215.00
	20120806	43.20	15.27	63.20
	20120817	80.20	24.32	73.10
	20130808	50.75	12.89	55.10
	20130818	144.35	48.72	150.00
	20131110	104.80	18.04	83.10
验证期	20140616	108.70	35.93	130.00
	20140627	184.00	92.42	166.00
	20140714	160.80	62.79	132.00
	20140812	150.00	51.09	148.00
	20140914	174.70	94.39	222.00
	20150611	178.90	93.14	243.00
	20150723	216.45	83.51	121.00
	20150828	192.45	83.72	162.00

6.3.3　降雨径流过程模拟及分析

1. 模型参数范围

1）改进的新安江水文模型参数

根据收集到的实测数据并结合相关资料分析得到模型的参数范围如表 6-5 所示。

表 6-5 模型参数范围表

参数符号	参数范围	参数符号	参数范围
K	0~1.0	EX	1.0~1.5
WUM/mm	20~50	KI、KG	0~0.7
WLM/mm	90~160	K_{KI}	0~1.0
WM/mm	120~200	D	0~1.0
B	0.1~0.4	K_Q	0.988~0.995
IMP	0.01~0.05	K_L	0.997~0.999
SM/mm	10~60	CS	0~1.0

2）马斯京根法参数

本节研究将平治河分为 9 个子流域，对于单个子流域，其汇流计算包含坡地汇流和河网汇流两个阶段，对于整个流域，其汇流还包含子流域的河道汇流。其中河道汇流一般有先演后合和先合后演两种简化方法[4]。本节建立的模型采用先演后合进行河道汇流。结合各子流域的特征，通过试算确定的马斯京根法参数见表 6-6。

表 6-6 马斯京根法参数表

演算路径	KE	XE	Δt
3、4 号子流域出口→2 号子流域	2	0.28	2
5 号子流域出口→6 号子流域	2	0.28	2
8 号子流域出口→7 号子流域	3	0.28	3
6、7 号子流域出口→9 号子流域	1	0.28	1
2、9 号子流域出口→1 号子流域	2	0.28	2

2. 参数率定

根据各参数的取值范围，调用 MATLAB 中遗传算法工具箱 GADS（genetic algorithm and direct search）中的函数，自动率定模型参数（根据 $WLM = WM - WUM$ 确定），以确定性系数（DC）最大为优化目标（GADS 工具箱中内置函数默认求最小值，为使 DC 最大，设置目标函数 $\text{Obj} = 1 - DC$）。根据选择的 7 场率定期洪水资料率定参数，最终得到模型的参数率定值见表 6-7。用选择的 8 场验证期洪水资料进行模型验证。率定期洪水模拟结果见表 6-8，率定期洪水降雨径流模拟结果见图 6-10，验证期洪水模拟结果见表 6-9，验证期洪水降雨径流模拟结果见图 6-11。

表 6-7 模型参数率定值

参数	K	WUM	WM	B	IMP	SM	EX
参数值	0.934	29.405	147.108	0.103	0.013	49.997	1.001
参数	KG	KI	K_{KI}	D	K_Q	K_L	CS
参数值	0.283	0.322	0.863	0.175	0.993	0.999	0.972

表 6-8 率定期洪水模拟结果

洪水场次	实测洪峰流量/(m³/s)	预报洪峰流量/(m³/s)	洪峰流量误差①/%	峰现时差②/h	实测径流深/mm	模拟径流深/mm	径流深误差①/%	确定性系数	是否合格
20110624	131.00	146.15	11.56	−6	56.80	67.94	19.61	0.8706	是
20110930	215.00	213.54	−0.68	−1	109.89	146.66	33.46	0.8024	否
20120806	63.20	64.94	2.75	0	15.27	17.64	15.52	0.8573	是
20120817	73.10	79.55	8.82	1	24.32	27.07	11.30	0.8744	是
20130808	55.10	49.28	−10.56	−7	12.89	12.51	−2.95	0.9226	是
20130818	150.00	145.58	−2.95	1	48.72	52.19	7.12	0.9513	是
20131110	83.10	91.18	9.72	1	18.04	21.00	16.41	0.6427	是
平均值	110.07	112.89	2.56	−1.57	40.85	49.29	20.66	0.8459	—

注：①误差均指相对误差，即模拟值与实测值之差与实测值的比值；②峰现时差，正值表示模拟时间早于实测时间，负值相反。

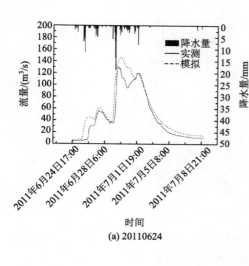

(a) 20110624

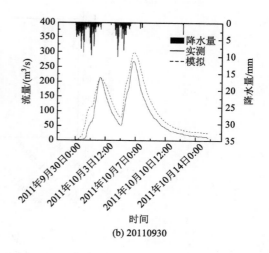

(b) 20110930

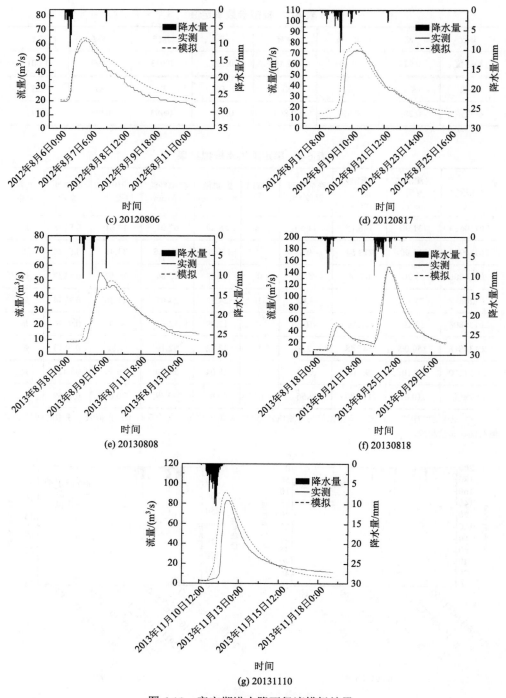

图 6-10　率定期洪水降雨径流模拟结果

表 6-9　验证期模拟结果

洪水场次	实测洪峰流量/(m³/s)	预报洪峰流量/(m³/s)	洪峰流量误差①/%	峰现时差②/h	实测径流深/mm	模拟径流深/mm	径流深误差①/%	确定性系数	是否合格
20140616	130.00	115.76	−10.95	1	35.93	34.53	−3.90	0.8558	是
20140627	166.00	103.29	−37.78	−1	92.42	83.32	−9.85	0.8932	否
20140714	132.00	134.65	2.01	−5	62.79	65.31	4.01	0.9649	是
20140812	148.00	127.29	−13.99	1	51.09	48.69	−4.70	0.9171	是
20140914	222.00	164.36	−25.96	3	94.39	82.02	−13.11	0.9081	否
20150611	243.00	223.27	−8.12	−2	93.14	85.92	−7.75	0.9272	是
20150723	121.00	134.76	11.37	−1	83.51	94.98	13.73	0.7288	是
20150828	162.00	154.35	−4.72	2	83.72	87.55	4.57	0.9462	是
平均值	165.50	144.72	−12.56	−0.25	74.62	72.79	−2.45	0.8927	—

注：①误差均指相对误差，即模拟值与实测值之差与实测值的比值；②峰现时差，正值表示模拟时间早于实测时间，负值相反。

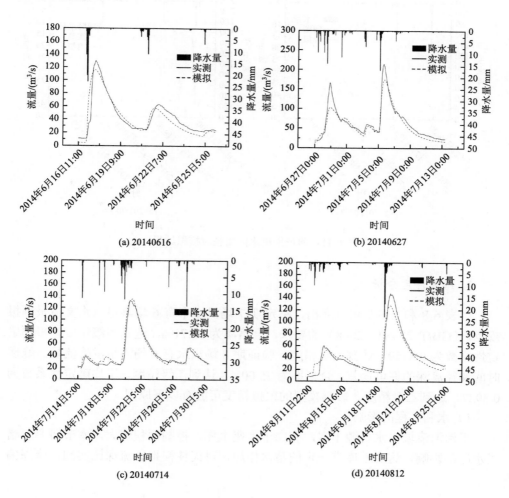

(a) 20140616

(b) 20140627

(c) 20140714

(d) 20140812

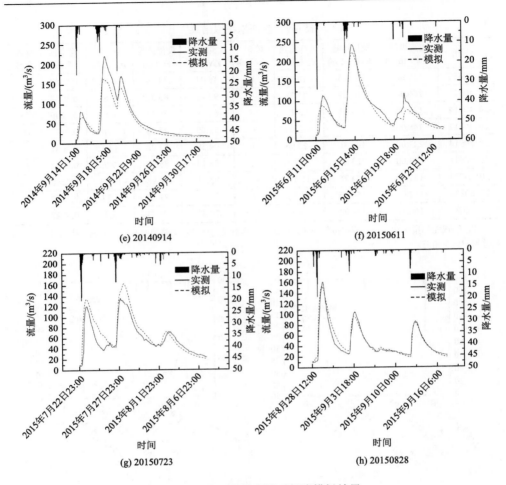

图 6-11　验证期洪水降雨径流模拟结果

3. 结果评定分析

由表 6-8 和表 6-9 可以看出，率定期 7 场洪水中有 6 场满足《水文情报预报规范》（GB/T 22482—2008）的要求，合格率为 85.71%，达到甲级精度，平均确定性系数为 0.8459，达到乙级精度；验证期 8 场洪水有 6 场满足洪峰流量、峰现时间和径流深的许可误差，合格率为 75.00%，达到乙级精度，平均确定性系数为 0.8927，达到乙级精度。影响模型的模拟精度可能有以下原因。

1）水利工程的影响

平治河流域内水资源丰富，有二十多座水库，控制面积较大，本节研究忽略了水库的影响，这些水库有一定的蓄水作用，可能使模拟径流深比实测径流深偏大。如 20110930 次洪水的模拟径流深比实测的偏大 33.46%，20150723 次洪水的模拟径流深比实测的偏大 13.75%。

2）马斯京根参数的影响

在马斯京根法中，参数 KE 为槽蓄系数，具有时间量纲，为流量的传播时间，其值与河段长度和波速有关；参数 XE 反映洪水波的坦化程度，对于同一条河流，XE 常由上游至下游逐渐减小。本节研究将 KE、XE 设为定值，因此对模拟效果有一定的影响。

3）资料代表性的影响

流域内雨量站分布较少，而且相对集中在流域的东、南、西部，并且收集的数据不全，有些站点数据缺乏，就用相邻站点的数据代替，不能很好地代表控制范围的平均面雨量，因此求出的面雨量与实际的可能存在较大误差。如 20140914 次洪水模拟洪峰流量比实测流量少 25.96%，表明流域内还有局部强降雨点，但研究中没有收集到这些点的雨量数据。

4）暴雨中心的影响

平治河流域面积 963km^2，暴雨中心对径流会产生影响，当暴雨中心的移动方向与洪水传播方向一致时，会增大洪峰流量，而采用平均面雨量计算时忽略了暴雨中心的造峰作用，如 20120817 次洪水暴雨中心由流域中游转移到下游，使得模拟洪峰流量大于实测洪峰流量。

5）地下河的影响

平治河流域位于岩溶区，流域内有多条地下河，当遇到历时较长的暴雨时，流域地下水位升高，地下河的过水能力达到极限，造成流域内一定程度的滞洪，并且对流域出口洪峰有调蓄作用。由于没有收集到有关地下河的资料，所以只是根据地表水系特征划分子流域，对地下水系做集中概化处理，必然对模拟结果造成影响。

6.4　本　章　小　结

本章以位于岩溶区的平治河流域为对象，通过分析流域的降雨径流特征，利用改进的新安江水文模型进行流域洪水预报。以确定性系数、洪峰流量误差、峰现时差、径流深误差为评价指标，结果表明模型能够适用于平治河流域。本节研究的主要内容及成果总结如下。

（1）简要总结了岩溶发育的基本条件、岩溶含水系统的分类及结构，从岩溶流域的空间结构，导水介质组成，水流形态特征，枯、丰水期对含水层的调节作用等方面说明了西南岩溶流域径流形成特点及水动力特征。

（2）调研平治河流域的基本概况，收集整理流域水文资料。分析平治河流域的降雨径流长、短时响应特征，并通过与非岩溶流域的径流时间系列的自相关分析对比表明岩溶流域较强的储水性能。制作、分析平治河流域地下水退水曲线，将地下径流划分为快速、慢速两部分，并通过线性拟合，得出快速、慢速地下径流的衰减系数范围，进一步根据退水指数衰减方程推求快速、慢速地下径流消退系数范围。

（3）结合研究区降雨径流特点，改进三水源新安江模型，在原有的一个地下水库的基础上再增加一个线性水库，把地下径流分为快速地下径流和慢速地下径流，并引入两种径流的分配比例系数。用 ArcGIS 软件的水文分析模块处理 DEM，构建了研究区的数字流域，然后划分子流域，计算各子流域中控制雨量站的权重。

（4）根据模型的参数范围，用遗传算法自动率定模型参数。选择 2011～2013 年的 7 场洪水作为率定期洪水，2014～2015 年的 8 场洪水作为验证期洪水。根据《水文情报预报规范》（GB/T 22482—2008）以确定性系数、洪峰流量误差、峰现时差、径流深误差为评价指标，评定结果为率定期洪水合格率为 85.71%，达到甲级精度，平均确定性系数为 0.8459，达到乙级精度；验证期洪水合格率为 75.00%，达到乙级精度，平均确定性系数为 0.8927，达到乙级精度。

（5）从水利工程、马斯京根参数、资料代表性、暴雨中心、地下河 5 个方面分析对径流模拟精度造成的影响。

参 考 文 献

[1]　罗旭玲，王世杰，白晓永，等. 西南喀斯特地区石漠化时空演变过程分析[J]. 生态学报，2021，41（2）：680-693.

[2]　Bonacci O，Pipan T，Culver D C. A framework for karst ecohydrology[J]. Environmental Geology，2009，56：891-900.

[3]　Baker A，Berthelin R，Cuthbert M O，et al. Rainfall recharge thresholds in a subtropical climate determined using a regional cave drip water monitoring network[J]. Journal of Hydrology，2020，587：125001.

[4]　袁飞，任立良. 栅格型水文模型及其应用[J]. 河海大学学报（自然科学版），2004，32（5）：483-487.

第7章 考虑表层岩溶带的概念性
岩溶水文模型及应用

7.1 引 言

喀斯特生态系统的脆弱性影响了世界上 15%～25%依赖淡水供应的人口生活，区域经济和社会发展受到限制。我国西南地区岩溶分布广泛，岩溶水资源丰富，是居民生产和生活的重要来源[1, 2]，但大量的水通过溶洞、落水洞和地下河等地下岩溶系统流失，且水资源的时空分布高度不均匀导致可用水资源的匮乏，严重制约了当地经济发展及乡村振兴战略的实施[3, 4]。区别于非岩溶地区，岩溶地区含水层具有高度的非均质性和各向异性，水文循环机理复杂，因此了解岩溶含水层对降雨和蓄水的响应规律，对于掌握集水区的水循环机制及岩溶水文模型的构建具有重要意义。

洪水预报作为水文预报的一部分，以水文模型作为数学核心，采用计算机进行编程，结合水情、雨情、空间地理信息等其他影响因子进行处理分析。实践表明，可靠、高效的洪水预报系统能为防洪抗汛指挥提供科学有效的指导。枯水与洪水在水文学中同为重要的组成部分，但人们对于枯水方面的研究水平与关注程度远低于洪水。在岩溶地区受岩溶地貌特征的影响，岩溶地区土层相较于非岩溶地区更薄，土壤持水性差，在长期未降雨情形下更容易引发旱灾。因此，开展旱季、雨季径流预测研究，对于合理配置水资源，缓解水资源供需矛盾具有重要意义[5, 6]。

7.2 考虑表层岩溶带的概念性岩溶
水文模型构建

7.2.1 模型结构

赵人俊于 1973 年在中国首次提出了新安江水文模型并广泛运用于中国南方湿润与半湿润地区，模型主要分为四个模块：蒸散发模块、产流模块、水源划分模块和汇流模块[7]。蒸散发模块基于三层蒸散发计算模型，产流模块采用蓄满产流机制，水源划分模块基于自由水蓄水库进行水源划分，坡地汇流采用线型水库调蓄，河道汇流采用单位线进行模拟。研究表明，传统新安江水文模型在岩溶地区汛期的高峰流量和径流过程模拟方面存在不足，且由于岩溶含水系统的调蓄作用，使得传统新安江水文模型在旱季径流过程模拟中也表现出明显的缺陷，出现整体流量偏大的问题[8, 9]。

　　岩溶含水系统中两类孔隙可归为岩溶管道与岩溶裂隙，结构的二元性导致了地下水排泄的二元性，在管道中的地下水通常为流速较快的紊流，与之相反，裂隙中的地下水往往流速较慢。岩溶含水系统具有巨大的调蓄能力，造成岩溶流域降雨径流响应过程差异并影响当地水文循环过程。考虑到岩溶含水系统结构的二元性，本节在三水源新安江模型的基础上，将岩溶管道、裂隙、基质等储水导水介质概化为岩溶含水系统蓄水库模块，提出概念性新安江岩溶水文模型（以下简称 ICK-XAJ 水文模型），以模拟岩溶地区"蓄水滞水"的水文特性。

7.2.2　岩溶含水系统蓄水库

　　降雨在满足田间持水量产流后，为了模拟岩溶地区的水文特性，将管道、大、中等孔隙和裂隙等含水介质概化为岩溶含水系统蓄水库，利用岩溶含水系统蓄水库的蓄水能力表征岩溶含水介质的总蓄水量。在传统新安江水文模型的基础上添加岩溶含水系统蓄水库模块，以模拟岩溶地区的"蓄水滞水"特性。针对岩溶面积，蓄满产流计算得到的总径流量首先进入岩溶含水系统。当蓄水库来水量（R）与当前蓄水量（KW）之和大于蓄水能力（KWM）时，超出的部分形成快速地表径流（R_{KRS}），剩余部分根据线性出流系数（K_{KSI}）形成经水库调蓄后的径流（R_{KSI}），并进入水源划分模块中的自由水蓄水库：

$$R_{KRS} = \begin{cases} KW + R - KWM, & KW + R \geqslant KWM \\ 0, & KW + R < KWM \end{cases} \quad (7\text{-}1)$$

$$R_{KSI} = \begin{cases} K_{KSI} \times KWM, & KW + R \geqslant KWM \\ K_{KSI} \times (KW + R), & KW + R < KWM \end{cases} \quad (7\text{-}2)$$

岩溶含水系统蓄水库模块示意图如图 7-1 所示。

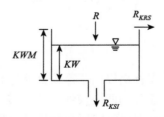

图 7-1　岩溶含水系统蓄水库模块

经岩溶含水系统调蓄后，最终进入自由水水箱进行水源划分的总入流量 R_r 为

$$R_r = R(1-AK) + R_{KSI} \times AK \tag{7-3}$$

ICK-XAJ 水文模型结构如图 7-2 所示。参数物理意义如表 7-1 所示。

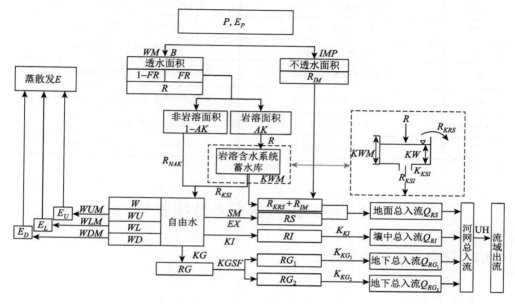

图 7-2　ICK-XAJ 水文模型结构

表 7-1　ICK-XAJ 水文模型参数

参数	名称	物理意义
WM/mm	流域蓄水总量	表示流域干旱程度及蓄满的标准
WUM/mm	上层蓄水容量	为上层张力水蓄水容量，包括了植物截流量
WLM/mm	下层蓄水容量	下层张力水蓄水容量
WDM/mm	深层蓄水容量	深层张力水蓄水容量
K	蒸散发折算系数	流域蒸发值与实测蒸发值的比值
B	张力水容量曲线的指数	反映土壤表面的不均匀程度
C	深层蒸散发系数	决定于流域内深根植被的分布面积
IMP	不透水面积系数	不透水面积占全流域面积的比例
KWM/mm	岩溶含水系统蓄水库蓄水容量	表征岩溶地下蓄水库的蓄水能力
AK	岩溶面积占比系数	岩溶面积占整个流域面积的比例
K_{KSI}	岩溶含水系统蓄水库线性出流系数	反映了岩溶含水系统蓄水库的出流速率

参数	名称	物理意义
KG	地下水出流系数	反映了基岩和深层土壤的渗透性
$KGSF$	快速地下径流的分配系数	根据两种地下径流成分的占比来确定
KI	壤中流出流系数	反映表面土壤的渗透能力
K_{KI}	壤中流消退系数	根据壤中流出流速率确定
K_{KG_1}	快速地下径流消退系数	可根据快速地下径流的退水规律来推求
K_{KG_2}	慢速地下径流消退系数	可根据慢速地下径流的退水规律来推求
SM/mm	自由水蓄水容	代表自由水储存的最大赤字
EX	自由水储水量曲线指数	反映自由水分布的不均匀程度

7.3 河口流域概况及数据收集

7.3.1 研究区水文地质特征

1. 水系

刁江是珠江流域西江水系的红水河河段左岸一级支流，发源于广西河池市南丹县城关镇川马村北 1km 处，地理坐标为东经 107°29′～108°30′，北纬 24°02′～24°57′，面积约 3424km²。往东南流向，经南丹县车河镇、金城江区长老乡、下考乡、九圩镇和都安县保安乡、板岭乡、拉仁乡、九渡乡、拉烈乡和百旺乡，于百旺乡板依村南 1.8km 处汇入红水河，在南丹县境内河长 30km、金城江区境内河长60km、都安县境内河长 139km，刁江干流全长 229km，平均坡降 1.07‰。河口流域干、支流河段总长 430.5km，河网密度 0.132km/km²。流域平均宽度 14.3km，流域形状系数 0.134。

河口河段为南丹县城关镇河源至金城江区九圩镇九圩河汇合口，河道长76.8km；中游河段为金城江区九圩镇九圩河汇合口至都安县拉仁乡仁寿河汇合口，河段长 87.5km；下游河段为都安县拉仁乡仁寿河汇合口至都安县百旺乡板依村南 1.8km 红水河汇合口，河段长 64.7km。刁江主要支流有三合河、长老河、古郎河、保平河、板旺河、板岑河、拉仁河、仁寿河等。

2. 水文气象特征

河口流域属亚热带季风气候，光照充足，雨量充沛。夏长冬短，多年平均降水量为 1494.2mm，多年水面蒸散发为 600～1000mm 之间。年平均气温 16.9～22.5℃，由于流域狭长，上、中下游气候略有差异，上游南丹县境内四季温差小，气温相对低；中下游气温变化明显，气温相对高，河池市宜州区偶尔有雪，但时间很短暂，2～3 天便化净，都安县境内则很难见到雪花飘。流域年降水量变化梯度较大，降水量年内分配不均，多年平均降水量为 1400～1600mm，多年平均径流深为 600～700mm。流域 5～8 月的降水量通常占全年降水量的 65%～70%以上；多年平均蒸散发为 853.7mm。

3. 洪水特性

河口流域是河池市的主要暴雨中心之一，是降雨高值区。历年来，流域暴雨洪水频繁发生，流域暴雨通常由高空槽、静止锋和西南暖湿气流等降雨天气系统形成，流域暴雨集中、强度大，分布不均。每年 5～8 月为汛期，暴雨历时一般在10～12h 左右，暴雨地区分布主要是在流域中上游，暴雨走向多数与河流走向一致，6～7 月是暴雨洪水多发时期。

7.3.2　数据收集及资料处理

在构建岩溶水文模型前，需对河口流域基础资料进行预处理。如利用降雨、蒸发数据和泰森多边形雨量权重法计算面雨量、蒸散发并作为模型的输入条件，对 DEM 数据进行水文提取处理，一般为填洼、流向、汇流累积量、河网提取等。本研究需对岩溶与非岩溶流域进行分区处理，以"河口流域水文地质图"作为划分依据，明晰岩溶的分布情况有助于分析岩溶区的水文特性，为岩溶水文模型的构建提供思路。

1. 数据来源

本节所用的地形数据为数字高程模型（DEM），从地理空间数据云（http://www.gscloud.cn/search）下载，原始高程数据的初始分辨率为30m×30m。小时流量数据、小时降雨数据、日蒸发数据均由河池市水文中心提供。河口流域原始 DEM 图如图 7-3 所示。

2. 填洼

洼地区域主要是由数据误差造成的，进而导致流向提取出错，而流向提取错误可能导致整个流域的提取误差，因此需对获取的原始 DEM 数据进行填洼处理。河口流域 DEM 填洼处理如图 7-4 所示。

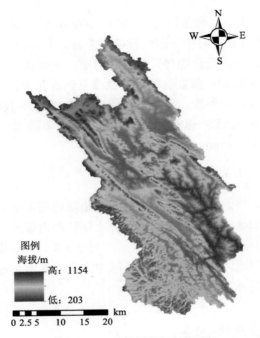

图 7-3　河口流域原始 DEM 图

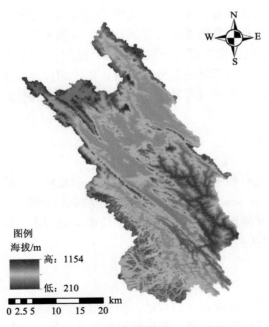

图 7-4　河口流域填洼后 DEM 图

3. 流向

对于每一个网格，水流方向指水流从该网格离开至另一个网格的指向，在 ArcGIS 中，常采用 D8 算法来确定水流方向（图 7-5）。在 D8 算法中，一个数字代表一个特定方向，通过代码输出即可明晰每个网格的水流方向。河口流域流向如图 7-6 所示。

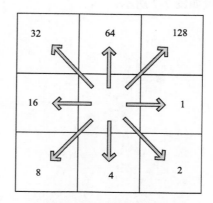

图 7-5　D8 算法流向示意图

图 7-6　河口流域流向示意图

4. 汇流累积量

在地表径流模拟过程中，将水流方向作为计算基础可得到汇流累积量。汇流累积量的基本思想是：将数字地面高程以网格表示，假设每一点均有单位水量，按照水往低处流的自然规律，根据区域水流方向计算每点流过的水量，则为流域汇流累积量。

河口流域汇流累积量如图 7-7 所示。

图 7-7　河口流域汇流累积量示意图

5. 河网提取

计算汇流累积量后进行河网提取，在河网提取前需设定阈值，当栅格的汇流累积量大于该阈值时，产生地表径流，计算产生地表径流的栅格路径即为河网提取（图 7-8）。本研究设定的阈值为 2000。

图 7-8　河口流域河网示意图

6. 面雨量计算

降水量作为模型的输入条件之一，主要运用泰森多边形雨量权重法进行计算，泰森多边形的基本假定是流域上每个点的雨量用离该点最近雨量站的降水量代表。用泰森多边形雨量权重法计算的主要步骤是先计算各雨量站之间的垂直平分线，以此将研究区域进行划分得到多个多边形，以多个多边形的面积为权数，计算各站雨量的加权平均值，并把它作为研究区域的平均面雨量。计算方式如下：

$$\overline{P_j} = \frac{\sum_{i=1}^{n} a_{ij} P_i}{A_j} (j = 1, 2, 3, \cdots) \tag{7-4}$$

式中，P_i 为所选取雨量站的降水量，mm；$\overline{P_j}$ 为划分子流域的平均面雨量，mm；A_j 为子流域面积，km²；n 为选取雨量站个数。

河口流域泰森多边形如图 7-9 所示，雨量站权重如表 7-2 所示。

图 7-9　河口流域泰森多边形示意图

表 7-2　雨量站权重表

雨量站编号	站名	站码	权重	控制面积	经度	纬度
1	三旺	80447200	0.153 372 021	173.789 428 7	107.634 444	24.621 944
2	板新	80447350	0.119 553 999	135.469 436 6	107.750 666	24.566 666
3	八步	80446700	0.031 050 253	35.183 769 23	107.698 333	24.798 056
4	桐坑	804M8403	0.045 690 483	51.772 956 85	107.584 98	24.848 825
5	那维	804M8532	0.101 285 818	114.769 332 9	107.624 697	24.709 611
6	河口	80409000	0.022 751 188	25.779 903 41	107.836 667	24.556 944
7	九圩	80447400	0.172 377 836	195.325 363 2	107.757 5	24.528 889

雨量站编号	站名	站码	权重	控制面积	经度	纬度
8	金洞	80446750	0.057 096 519	64.697 402 95	107.683 333	24.75
9	枫木	805M8526	0.062 453 952	70.768 035 89	107.735 147	24.763 527
10	老圩场	805M8455	0.020 357 47	23.067 525 86	107.649 216	24.914 108
11	杨州	805M8437	0.012 421 464	14.075 052 26	107.447 866	24.846 983
12	纳哈	804M2510	0.058 806 226	66.634 712 22	107.492 222	24.815 833
13	火幕	804M2500	0.062 351 28	70.651 695 25	107.630 556	24.779 167
14	车河	80446500	0.044 768 649	50.728 405	107.647 778	24.853 333
15	打昔	80446400	0.035 662 841	40.410 400 39	107.6	24.937 778

7. 岩溶与非岩溶分区

为区分河口流域岩溶与非岩溶的分布情况，本节利用 ArcGIS 软件对其进行处理，以"河口流域水文地质图"作为划分依据。经处理后可知，河口流域岩溶面积约为全流域面积的 70%。明晰岩溶的具体分布情况将有助于分析岩溶地区的水文特性，了解岩溶地区的产汇流特征，进而构建岩溶水文模型。

7.4　降雨径流过程模拟及分析

7.4.1　模型参数优化及范围

模型参数优化对于保证模型精度具有重要意义，模型参数优化需确定优化函数。本研究根据具体问题，将确定性系数 DC 作为优化函数，以确定性系数最大作为优化目标：

$$DC = 1 - \frac{\sum_{i=1}^{N}\left[y_c(i) - y_0(i)\right]^2}{\sum_{i=1}^{N}\left[y_c(i) - \overline{y_0}\right]^2} \tag{7-5}$$

式中，DC 为确定性系数（保留两位小数）；$\overline{y_0}$ 为实测数据平均值，m³/s；N 为实测序列时段长；$y_c(i)$ 为 i 时刻的模拟值，m³/s；$y_0(i)$ 为 i 时刻的实测值，m³/s。

在传统新安江水文模型基础上，ICK-XAJ 水文模型新增 5 个参数，分别为 KWM、K_{KSI}、$KGSF$、K_{KG_1}、K_{KG_2}。基于已有的对河口流域新安江水文模型的研究及前人的经验，新安江水文模型与 ICK-XAJ 水文模型的参数范围如表 7-3、表 7-4 所示。

表 7-3　新安江水文模型参数

序号	参数	范围	序号	参数	范围
1	WM	120～150	8	IMP	0.01～0.03
2	WUM	10～20	9	KG	0～1.0
3	WLM	60～90	10	KI	0～1.0
4	WDM	$WM{-}WUM{-}WDM$	11	SM	10～50
5	K	0～1	12	EX	1.0～1.5
6	B	0.1～0.5	13	K_{KG}	0～1.0
7	C	0.15～0.2	14	K_{KI}	0～1.0

表 7-4　ICK-XAJ 水文模型参数

序号	参数	范围	序号	参数	范围
1	WM	120～150	10	KI	0～1.0
2	WUM	10～20	11	SM	10～50
3	WLM	60～90	12	EX	1.0～1.5
4	WDM	$WM{-}WUM{-}WDM$	13	K_{KI}	0～1.0
5	K	0～1	14	KWM	11～13
6	B	0.1～0.5	15	K_{KSI}	0～1.0
7	C	0.15～0.2	16	$KGSF$	0～1.0
8	IMP	0.01～0.03	17	K_{KG_1}	0.976～0.991
9	KG	0～1.0	18	K_{KG_2}	0.992～0.999

本研究共收集了河口水文站 18 个雨量站的雨量资料和 2014～2020 年的流量资料（2013 年部分流量数据存在缺陷，故不予以采用）。采用泰森多边形雨量权重法计算流域平均面雨量并作为模型输入条件，将 2014～2017 年作为模型参数率定期，2018～2020 年作为参数验证期。本研究最终根据参数范围率定的参数值如表 7-5、表 7-6 所示。

表 7-5　新安江水文模型参数

参数	WM	WUM	WLM	WDM	K	B	C
取值	120	10	90	20	0.49	0.3	0.15
参数	IMP	KG	KI	SM	EX	K_{KG}	K_{KI}
取值	0.03	0.05	0.8	20	1.5	0.998	0.8

表 7-6　ICK-XAJ 水文模型参数

参数	WM	WUM	WLM	WDM	K	B	C	IMP	KG
取值	120	10	90	20	0.49	0.3	0.15	0.03	0.05
参数	KI	SM	EX	K_{KI}	KWM	K_{KSI}	KGSF	K_{KG_1}	K_{KG_2}
取值	0.8	15	1.5	0.8	13	0.1	0.14	0.985	0.998

7.4.2　汛期场次洪水模拟结果及分析

为评价新安江水文模型与 ICK-XAJ 水文模型在汛期洪水场次中的表现，本节选取 9 场汛期洪水进行分析，具体表现如表 7-7、表 7-8 所示。

表 7-7　新安江水文模型汛期洪水场次模拟结果表现评价

汛期	洪水场次	实测径流深/mm	模拟径流深/mm	径流深误差/%	实测洪峰流量/(m³/s)	模拟洪峰流量/(m³/s)	洪峰流量误差/%	峰现时差/h	确定性系数	是否合格
率定期	20140426	33.56	33.52	−0.12	306	278	−9.15	−1	0.90	是
	20150615	101.44	77.43	−23.67	567	449	−20.81	−2	0.72	否
	20150819	68.96	59.03	−14.40	1030	826	−19.81	1	0.77	是
	20160529	24.38	22.26	−8.70	184	148	−19.57	1	0.97	是
	20170627	127.77	104.06	−18.56	542	362	−33.21	−4	0.90	否
验证期	20180612	28.18	36.39	29.13	220	220	0	−3	0.94	否
	20190623	47.78	56.00	17.20	543	642	18.23	−3	0.77	是
	20190707	124.90	101.66	−18.61	839	856	2.03	−3	0.77	是
	20200609	60.14	65.32	8.61	554	598	7.94	−3	0.76	是

注：表中径流深误差的正负表示模拟值与实测值的大小关系，正值表示模拟径流深的值大于实测值，负值表示模拟径流深的值小于实测值；洪峰流量误差为正表示模拟洪峰流量大于实测洪峰流量，负值表示模拟洪峰流量小于实测洪峰流量；峰现时差为正表示模拟洪峰提前，为负表示模拟洪峰延迟。

表 7-8　ICK-XAJ 水文模型汛期洪水场次模拟结果表现评价

汛期	洪水场次	实测径流深/mm	模拟径流深/mm	径流深误差/%	实测洪峰流量/(m³/s)	模拟洪峰流量/(m³/s)	洪峰流量误差/%	峰现时差/h	确定性系数	是否合格
率定期	20140426	33.56	27.67	−17.56	306	290	−5.23	−2	0.88	是
	20150615	101.44	75.88	−25.20	567	542	−4.41	−3	0.77	否
	20150819	68.96	59.59	−13.59	1030	852	−17.28	0	0.75	是
	20160529	24.38	20.82	−14.60	184	173	−5.98	0	0.85	是
	20170627	127.77	102.37	−19.88	542	439	−19.00	−4	0.97	是
验证期	20180612	28.18	27.51	−2.38	220	209	−5.00	−3	0.95	是
	20190623	47.78	56.00	17.20	543	690	27.07	−3	0.91	否
	20190707	124.90	102.87	−17.64	839	966	15.14	−3	0.89	是
	20200609	60.14	61.02	1.46	554	598	7.94	−4	0.88	是

注：表中径流深误差的正负表示模拟值与实测值的大小关系，正值表示模拟径流深的值大于实测值，负值表示模拟径流深的值小于实测值；洪峰流量误差为正表示模拟洪峰流量大于实测洪峰流量，负值表示模拟洪峰流量小于实测洪峰流量；峰现时差为正表示模拟洪峰提前，为负表示模拟洪峰延迟。

由表 7-7 可知，根据《水文情报预报规范》中对于洪水预报的相关规定：模拟径流深和洪峰流量的相对误差为实测值的 20%以内，在 9 场洪水中，6 场洪水的相对误差在 20%以内，9 场洪水均满足峰现时差要求，总体合格率为 66.7%，洪水精度等级为丙级精度。其中 20170627 次洪水的模拟洪峰流量误差为 33.14%，大于所规定的洪峰流量误差，不满足水文预报规范的要求，故判定为不合格。20150615、20150819、20170627 三场洪水的实测洪峰流量均大于 500m³/s，相对误差均接近或大于水文预报规范所规定的 20%，且误差均为负值，说明新安江水文模型在模拟过程中，对于大流量洪水的峰值模拟存在不足，模拟值较实测值偏小。由于岩溶地区内部结构复杂，现有的新安江水文模型难以模拟岩溶地区汛期的高峰流量和径流过程，因此新安江水文模型中普遍存在高峰流量模拟值偏低的问题[9]，需进一步改进模型提高汛期高峰流量的模拟精度，为该地区的防汛工作和洪水治理提供理论基础。

如表 7-8 所示，9 场汛期洪水的峰现时差均达到规范要求，除 20150615 次洪水的径流深误差较大，超出规范所规定的 20%以外，其余洪水场次的径流深误差均在允许误差以内；仅 20190623 次洪水的洪峰流量误差偏大，误差为 27.10%。在 9 场汛期洪水模拟中，合格的洪水为 7 场，合格率为 77.8%，洪水预报精度等级为乙级精度，相较于新安江水文模型汛期洪水模拟的丙级精度，模拟效果有所提升。新安江水文模型、ICK-XAJ 水文模型的汛期洪水过程模拟如图 7-10 所示。

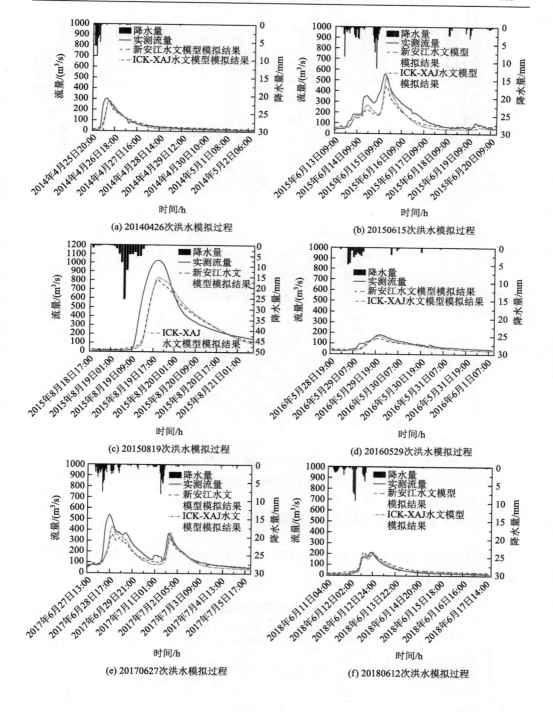

(a) 20140426次洪水模拟过程

(b) 20150615次洪水模拟过程

(c) 20150819次洪水模拟过程

(d) 20160529次洪水模拟过程

(e) 20170627次洪水模拟过程

(f) 20180612次洪水模拟过程

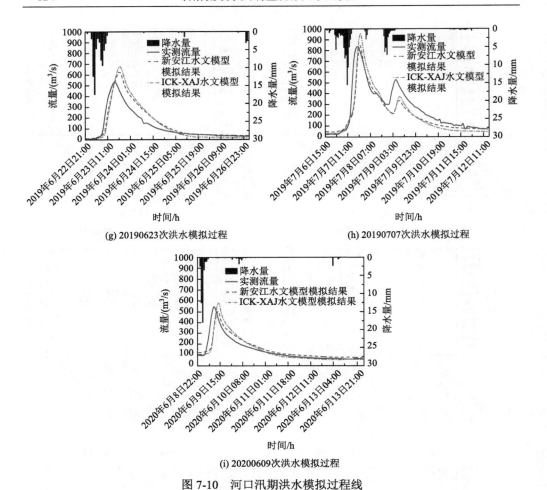

(g) 20190623次洪水模拟过程　　　　(h) 20190707次洪水模拟过程

(i) 20200609次洪水模拟过程

图 7-10　河口汛期洪水模拟过程线

7.4.3　枯水期场次洪水模拟及结果分析

为评价枯水期新安江水文模型、ICK-XAJ 水文模型的表现，本研究选择的 9 场枯水期洪水如表 7-9 所示。

表 7-9　新安江水文模型枯水期洪水场次模拟结果表现评价

旱季	洪水场次	实测径流深/mm	模拟径流深/mm	径流深误差/%	实测洪峰流量/(m³/s)	模拟洪峰流量/(m³/s)	峰现时差/h	确定性系数	是否合格
率定期	20140331	6.04	12.65	109.43	70.7	128.4	0	<0	否
	20141030	4.84	7.92	63.64	35.2	59.5	−4	0.55	否
	20141106	19.67	21.89	11.29	209	217	0	0.94	是
	20161020	6.50	14.51	123.23	56.9	132.5	2	<0	否
	20171016	17.38	24.90	43.27	110	134	1	0.05	否

续表

旱季	洪水场次	实测径流深/mm	模拟径流深/mm	径流深误差%	实测洪峰流量/(m³/s)	模拟洪峰流量/(m³/s)	峰现时差/h	确定性系数	是否合格
验证期	20180406	3.69	7.27	97.02	38.3	68.2	2	<0	否
	20180423	2.37	5.95	151.05	33.5	62.3	2	<0	否
	20190910	10.31	22.37	116.97	86.1	154.8	-5	<0	否
	20200304	7.24	15.56	114.92	52.9	130.2	3	<0	否

　　根据水文情报规范规定，9 场枯水期洪水的峰现时差均符合规范要求。9 场洪水中仅有 20141106 次洪水合格，达到洪水预报标准，其余 8 场洪水大部分模拟径流深及洪峰流量远大于规范所规定的 20%，出现模拟值远大于实测值的现象。且 9 场洪水中有 6 场洪水的确定性系数 DC 小于零，表明新安江水文模型在岩溶流域枯水期模拟效果较差，无法达到预报发布标准。4.2 节分析得到岩溶区的降雨径流过程存在延迟现象，在旱季相同的降雨条件下岩溶区产生的洪峰流量更小，根据表 7-9 中旱季洪水场次表现，新安江水文模型总体模拟值大于实测值，难以模拟岩溶区蓄水滞水的水文特性，在模拟岩溶区旱季径流时表现出不足之处。

　　如表 7-10 所示，9 场枯水期洪水中，除 20190910 场次外，8 场洪水的峰现时差均合格，径流深误差有 7 场洪水达到标准，其中 20141030 场次模拟径流深偏小，20190910 场次模拟径流深偏大。9 场枯水期洪水中，6 场洪水达到规范所规定的合格标准，合格率为 66.7%，为丙级精度。新安江水文模型、ICK-XAJ 水文模型的枯水期洪水过程模拟如图 7-11 所示。

表 7-10　ICK-XAJ 水文模型枯水期洪水场次模拟结果表现评价

旱季	洪水场次	实测径流深/mm	模拟径流深/mm	径流深误差/%	实测洪峰流量/(m³/s)	模拟洪峰流量/(m³/s)	峰现时差/h	确定性系数	是否合格
率定期	20140331	6.04	4.88	-19.21	70.7	50.3	0	0.59	是
	20141030	4.84	2.94	-39.26	35.2	28.4	-4	0.84	否
	20141106	19.67	16.80	-14.59	209	192	-3	0.85	是
	20161020	6.50	5.58	-14.15	56.9	13.9	2	0.93	是
	20171016	17.38	20.81	19.74	110	149	0	0.57	否
验证期	20180406	3.69	3.26	-11.56	38.3	31.9	2	0.53	是
	20180423	2.37	2.29	-3.38	33.5	25.4	2	0.53	是
	20190910	10.31	12.51	21.34	86.1	97.3	-7	0.83	否
	20200304	7.24	7.93	9.53	52.9	68.0	2	0.73	是

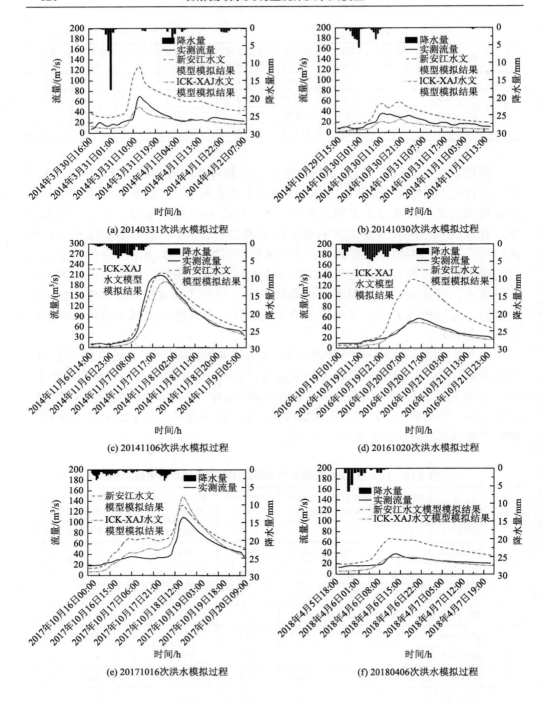

(a) 20140331次洪水模拟过程

(b) 20141030次洪水模拟过程

(c) 20141106次洪水模拟过程

(d) 20161020次洪水模拟过程

(e) 20171016次洪水模拟过程

(f) 20180406次洪水模拟过程

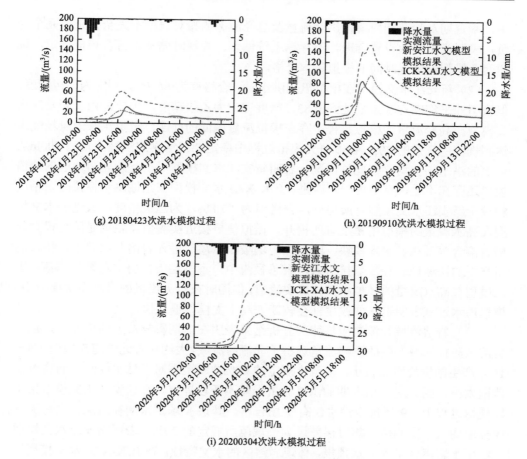

(g) 20180423次洪水模拟过程　　　　　　　　(h) 20190910次洪水模拟过程

(i) 20200304次洪水模拟过程

图 7-11　河口枯水期洪水模拟过程线

7.5　本 章 小 结

岩溶含水层具有巨大的调蓄能力，是导致岩溶流域降雨径流延迟响应的重要组成部分，对岩溶地区水文循环过程产生较大影响。因此传统新安江水文模型在岩溶地区的汛期高峰流量及枯水期低水流量的径流过程模拟中均存在一定不足。本章以河口流域为研究对象，在传统新安江水文模型的基础上增加岩溶含水系统蓄水库模块，体现岩溶地区对径流的调蓄作用。引入径流分配系数 KGSF 表征地下径流的分配方式，将地下径流分为快速地下径流、慢速地下径流以刻画岩溶含水系统的"二元性"。将新安江水文模型与改进后得到的 ICK-XAJ 水文模型的模拟结果以分期的方式（即汛期和枯水期）分别进行评价，结果如下。

（1）新安江水文模型与 ICK-XAJ 水文模型的模拟结果表明，在场次洪水模拟中，率定期及验证期内模拟洪峰流量及总径流深的相对误差不完全为正或完全为负，表明模型参数设置合理，不存在系统偏差；峰现时差基本符合规范规定，说明两个模型对峰现时间的模拟基本合格。

（2）新安江水文模型在模拟汛期洪水时，合格率为 66.7%，判定为丙级精度，但模型的平均确定性系数达到 0.83，精度评定为乙级精度，主要是由于新安江水文模型在高峰流量的模拟过程中存在模拟流量偏低的问题，模拟洪峰流量精度未达到规范所规定的 20%。在本研究模拟过程中率定期三场实测洪峰流量为 500m³/s 以上的洪水场次均存在此种情况，表明新安江水文模型对于复杂岩溶地区的峰值模拟还存在不足，有待进一步改进。ICK-XAJ 水文模型在汛期洪水模拟时，精度相较于新安江水文模型有所提升，合格率为 77.8%，为乙级精度，改进的水文模型在高水流量的模拟中精度有所提升，模拟值更接近实测值。主要是因为模型新增岩溶含水系统蓄水库模块，降雨经土壤吸收下渗后进入岩溶蓄水箱中，待蓄满后产生的快速地表径流直接进入地表总径流中，不再经历自由水水箱的调蓄，因此模型在高水流量的模拟中更接近实测值。但同时在较大流量的洪水场次模拟中，模拟退水过程表明退水曲线尾部会较新安江水文模型退水快。

（3）岩溶流域径流响应规律的分析结果表明在前期影响接近的情况下，位于岩溶区河口流域产生的洪峰流量远小于北流河流域，大约只有北流河流域的 1/4～1/2，产生的洪峰流量较小，规范中规定的 20%波动范围对于枯水期洪峰而言可变范围太小，因此对于枯水期的洪峰流量误差不予以评定。在新安江水文模型枯水期模拟过程中，9 场选定洪水仅有 1 场合格，其余 8 场洪水的径流深、洪峰流量模拟值均大于实测值，相对误差远大于规范所规定的 20%，表明新安江水文模型无法用于岩溶区旱季洪水预报，体现岩溶区的水文特性。在 ICK-XAJ 水文模型枯水期模拟中，9 场洪水中有 6 场符合规范要求，合格率为 66.7%，相较于新安江水文模型在枯水期的表现，ICK-XAJ 水文模型能够较好地模拟枯水期径流量较小的现象。岩溶流域具有较大的地下蓄水库容，降雨先填充蓄水库的空缺，待蓄满后才逐渐形成较为明显的径流，ICK-XAJ 水文模型能够模拟这一水文特性，体现岩溶区具有较大地下蓄水库容及蓄水滞水的特性。

总体而言，ICK-XAJ 水文模型考虑了岩溶区对径流的调蓄作用，新增岩溶含水系统蓄水库模块能够有效体现岩溶区的延迟响应现象及蓄水滞水的作用，更适用于岩溶地区的洪水过程模拟。

参 考 文 献

[1]　罗明明. 南方岩溶水循环的物理机制及数学模型研究[D]. 武汉：中国地质大学，2017.

[2]　靖娟利，罗福林，王永锋. 2017 年滇黔桂岩溶区降水时空动态特征[J]. 水土保持研究，2019，26（5）：158-165.

[3]　Bakalowicz M. Karst groundwater: A challenge for new resources[J]. Hydrogeology Journal，2005，13：148-160.

[4]　Chen Z，Auler A S，Bakalowicz M，et al. The world karst aquifer mapping project：Concept，mapping procedure and map of Europe[J]. Hydrogeology Journal，2017，25（3）：771.

[5]　倪雅茜. 枯水径流研究进展与评价[D]. 武汉：武汉大学，2005.

[6]　吴亚琪，梁忠民，陈在妮，等. 退水曲线与融雪-降雨径流相结合的枯季径流预报方法研究[J]. 水电能源科学，2021，39（12）：17-20.

[7]　Zhao R J. The Xinanjiang model applied in China[J]. Journal of Hydrology，1992. 135：371-381.

[8]　陈晓宏，颜依寒，李诚，等. 溶蚀丘陵型岩溶流域概念性水文模型及其应用[J]. 水科学进展，2020，31（1）：1-9.

[9]　Zhao Y M，Liao W H，Lei X H. Hydrological simulation for karst mountain areas：A case study of central Guizhou province[J]. Water，2019，11（5）：991.

第8章　分布式新安江岩溶水文模型模拟及分析

8.1　引　言

岩溶地区由于地形的特殊性使得地下水系统内部结构错综复杂，给地下水文过程的探明造成了很大的困难，再加上岩溶地区缺乏长时间的实测资料，以及详细的水文介质、地表漏斗、裂隙、地下暗河数据，给国内外许多研究学者精确描述岩溶地区地下水水文物理过程造成了一定的困难。建立能够适用于岩溶地区的流域水文模型需要在现有流域水文模型的基础上加以改进，使得流域水文模型可以更加清楚地模拟岩溶地区复杂的水文过程。在岩溶地区，由于碳酸盐岩的可溶性使得岩石内部孔隙特性不断变化造成地下含水介质的非均匀性。不均匀的双重含水介质结构及不同发育程度的岩溶地貌，使得岩溶流域地下存在着具有高度空间分布异质性的不规则的裂隙、孔隙网络和管道、地下暗河等含水系统及过水通道，产汇流机制复杂与非岩溶流域有较大差异，传统的水文模型难以还原岩溶地区的水文过程[1, 2]。

针对岩溶含水系统复杂的水动力条件，岩溶水被进一步划分为裂隙中的慢速基质流及快速管道流，这一概化方式成为经典概念性岩溶水文模型的理论基础[3-6]。基于该概化方式，Fleury 等[7]提出考虑基质流与管道流双重流态的线性水库模型，定量揭示了法国 Fontaine de Vaucluse 岩溶含水系统的降雨径流关系；Hartmann 等[8]同样采用双重流态的线性水库模型为以色列 Hermon 岩溶含水系统构建泉流量预测方案，进一步验证了该概化方式在地中海气候区域的有效性。中国西南岩溶地区的产流模式本质上仍属于蓄满产流[9]，大部分研究表明基于蓄满产流理论的新安江水文模型在中国湿润地区有较强的适用性，因此许多学者选择改进新安江水文模型，为岩溶流域构建径流过程模拟方案。陈立华等[10]、郝庆庆和陈喜[11]将新安江水文模型中地下径流进一步划分为快速、慢速地下径流分别表征岩溶含水系统的快速管道流、慢速基质流，宋万祯等[12]与许波刘等[13]根据裂隙发育程度，进一步将基质流细划分，将两种地下径流成分拓展为三种。以上研究采用串联或并联的线性水库模型表征各径流成分的汇流过程，能够较好地刻画地下径流受岩溶含水系统的调蓄程度和时程分布差异，在中国西南岩溶地区日径流过程及场次洪水模拟中取得一定的计算精度。上述模型均属于集总式水文模型，在表征流域岩溶地貌发育等下垫面条件空间分布异质性时存在较大的不足。

本章在新安江水文模型的基础上，针对不均匀双重含水介质对岩溶流域产汇流过程的影响，提出岩溶地下径流成分划分参数分析及岩溶管道流与基质流调蓄计算方法，基于 DEM 栅格构建了松散耦合的分布式新安江岩溶水文模型，并以广西壮族自治区乔音河流域为实例，对模型进行了验证。

8.2　分布式新安江岩溶水文模型

8.2.1　模型概述

岩溶地区由于其特殊的地形特征，使得在对岩溶流域的径流过程模拟中表现出一定的难度性。为了对流域的地理特征有所区分，需要对流域的每一个部分作详细处理，因此将流域划分为栅格单元，在栅格单元内计算流域的水文过程。而分布式水文模型则是建立在栅格单元上用来描述流域水文过程的模型，在本节研究中选用分布式新安江岩溶水文模型来模拟岩溶流域的水文过程。本节分布式新安江岩溶水文模型是以水文学原理为基础、建立在数字流域水系上的以新安江水文模型为核心的松散耦合分布式水文模型，即在建立 DEM 后对新安江水文模型改进并应用于栅格单元的水文模型[14]。该模型与 1973 年由赵人俊提出的集总式水文模型新安江水文模型产流计算结构相同[15]，不同点在于分布式新安江岩溶水文模型是在栅格单元内的计算过程。模型主要由基于栅格单元的产流计算、蒸散发计算、水源划分计算、汇流计算 4 个模块组成。先在栅格单元内输入雨量数据及蒸散发数据以后，再在划分的每一个栅格单元内进行产流计算，然后计算栅格内蒸散发，划分三水源（分为地表径流、壤中流、地下径流）。计算完产流后，在各栅格单元内按照流向确定演算次序，在坡地栅格单元内进行坡地栅格汇流计算、在河道栅格单元内进行河道栅格汇流计算，最后得到计算断面出口流量。

8.2.2　模型结构与原理

1. 蒸散发计算

分布式新安江岩溶水文模型中栅格单元内的蒸散发计算同样与传统新安江水文模型蒸散发计算一样采用三层蒸散发计算模式。栅格单元内蒸散发计算流程是：上层蒸散发 E_U 按照蒸散发能力蒸发，当上层的土壤含水量不及蒸散发能力时，剩余的蒸散发能力由下层土壤含水量蒸发。下层蒸散发与剩余的蒸散发能力成正比，同时与下层土壤含水量成正比，与下层土壤蓄水量成反比。此时需要增加一个深层蒸散发能力系数 C，要求计算得到的下层蒸散发能力与剩余蒸散发能力之比不

小于 C。当比值大于 C 时，蒸散发不足的部分则由下层土壤含水量供应；当下层土壤含水量仍旧不够蒸散发时由深层含水量供应，直到蒸散发满足蒸散发能力。

当 $P+WU_0 \geqslant E_P$ 时，

$$E_U = E_P, E_L = 0, E_D = 0 \tag{8-1}$$

$$E = E_U + E_L + E_D = E_P \tag{8-2}$$

当 $P+WU_0 < E_P$、$WL_0 \geqslant C \times WLM$ 时，

$$E_U = P+WU_0, E_L = \frac{(E_P - E_U) \times WL_0}{WLM}, E_D = 0 \tag{8-3}$$

$$E = E_U + E_L + E_D = P+WU_0 + \frac{(E_P - E_U) \times WL_0}{WLM} \tag{8-4}$$

当 $P+WU_0 < E_P$、$C \times (E_P - E_U) \leqslant WL_0 < C \times WLM$ 时，

$$E_U = P+WU_0, E_L = C \times (E_P - E_U), E_D = 0 \tag{8-5}$$

$$E = E_U + E_L + E_D = P+WU_0 + C \times (E_P - E_U) \tag{8-6}$$

当 $P+WU_0 < E_P$、$WL_0 < C \times (E_P - E_U)$ 时，

$$E_U = P+WU_0, E_L = WL_0, E_D = C \times (E_P - E_U) - E_L \tag{8-7}$$

$$E = E_U + E_L + E_D = P+WU_0 + WL_0 + C \times (E_P - E_U) - E_L \tag{8-8}$$

式中，P 为栅格降水量，mm；WU_0、WL_0 分别为栅格上、下层土壤初始含水量，mm；E_P 为栅格蒸散发能力，mm。

2. 产流计算

分布式新安江岩溶水文模型中栅格产流模块计算与传统式三水源新安江模型一样，在每一栅格单元内均采用蓄满产流理论计算产流量。在该计算模块中，在每一个栅格单元内输入实测雨量值及实测蒸散发值，输入的参数包括抛物线指数及流域平均蓄水容量，根据该模块可计算得出相应的栅格单元的产流量及土壤含水量。

当 $P-E+A \geqslant W'_{mm}$ 时，栅格全面积产流为

$$R = P - E - (W_m - W_0) \tag{8-9}$$

当 $P-E+A < W'_{mm}$ 时，栅格部分面积产流为

$$R' = P - E - (W_m + W_0) + W_m \left[1 - \frac{P-E+A}{W'_{mm}} \right]^{B+1} \tag{8-10}$$

式中，W'_{mm} 为栅格内点最大的张力水蓄水容量，mm；B 为张力水蓄水容量曲线指数；W_m 为栅格张力水蓄水容量，mm；W_0 为栅格初始张力水蓄水容量，mm；A 为与 W_0 相应的张力水蓄水容量曲线纵坐标，mm；R/R' 为栅格产流量，mm；P 为栅格降水量，mm；E 为栅格蒸散发，mm。

在该计算模块中，在每一个栅格单元内输入实测雨量值及实测蒸散发值，输入的参数包括抛物线指数及流域平均蓄水容量，根据该模块可计算得出相应的栅格单元的产流量及土壤含水量。

3. 水源划分计算

分布式新安江岩溶水文模型在栅格水源划分时采用的是自由水蓄水库模式，将栅格内自由水蓄水库设置两个出口，两个出口的出流系数为 KI 和 KG。通过蓄满产流模式计算得出的栅格产流量 R 进入该自由水蓄水库时，栅格产流量 R 通过出流系数 KI 和 KG 及水库溢流的方式，将栅格产流量 R 分为 4 个部分：地表以上的栅格产流量 R 形成地表径流 RS，进入土壤以下的产流量形成栅格局部饱和径流壤中流 RI，进入更深层次的地下水带的栅格产流量 R 则形成栅格地下径流 RG。

当 $P - E + AU < SMMF$ 时，地表径流为

$$RS = FR\left\{ P - E - SMF + S + SMF\left[1 - \frac{(P - E + AU)}{SMMF} \right]^{1+EX} \right\} \qquad (8\text{-}11)$$

当 $P - E + AU \geqslant SMMF$ 时，则地表径流计算公式为

$$RS = FR(P - E + S - SMF) \qquad (8\text{-}12)$$

根据计算得到的地表径流 RS 可以得到经过自由水蓄水库的两个出口的出流公式，即壤中流 RI、地下径流 RG 为

$$RI = \left[(P - E + S) \times FR - RS \right] \times KI \qquad (8\text{-}13)$$

$$RG = \left[(P - E + S) \times FR - RS \right] \times KG \qquad (8\text{-}14)$$

式中，FR 为栅格产流面积占比，%；$SMMF$ 为栅格上自由水最大的点的自由水库蓄水容量，mm；EX 为栅格自由水蓄水容量曲线幂级数；SMF 为栅格平均自由水蓄水容量，mm；S 为栅格产流面积上的平均自由水蓄水容量，mm；AU 为栅格自由水蓄水容量曲线对应的纵坐标；RI 为壤中流，mm；RG 为地下径流，mm；KI 为自由水蓄水库壤中流出流系数；KG 为自由水蓄水库地下径流出流系数；其余符号与上文相同。

由于岩溶含水系统具有二元流场形态结构，水流经过不同的裂隙时流速不同，因此将地下径流被进一步细划分为管道流与基质流，分别用 RG_1 与 RG_2 表示，同时引入一个新参数 $KGSF$ 来描述地下径流成分划分情况，代表的是基

质流在地下水总径流过程中所占的比例，即 $KGSF = RG_1/RG$ 。其中，管道流与基质流分别为

$$RG_1 = RG \times (1 - KGSF) \qquad (8\text{-}15)$$

$$RG_2 = RG \times KGSF \qquad (8\text{-}16)$$

4. 汇流计算

分布式新安江岩溶水文模型在栅格单元间汇流方面分为两步：坡地栅格汇流、河道栅格汇流。汇流方法分为日流量模拟和场次洪水模拟，日流量模拟采用的是先演后合法，而场次洪水模拟采用边合边演法。边合边演法指的是在计算每一个栅格单元时便叠加上一个流入该栅格的流量值，然后循环计算下一个栅格单元的流量值。该法的好处是可以得到流域内每一个栅格单元内的任一时刻的流量过程，可以满足洪水预警的要求。

1）坡地栅格汇流

在坡地栅格汇流计算中，采用串联线性水库模型的方法来计算地表径流、壤中流和地下径流，如图 8-1 所示。

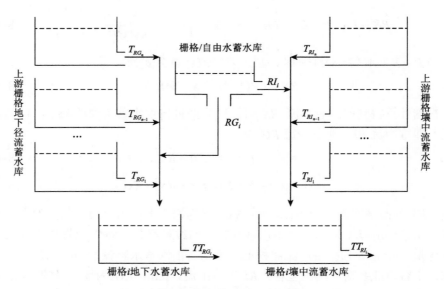

图 8-1　坡地栅格壤中流和地下水汇流图

栅格单元内的自由水蓄水库侧向出流后流出的壤中流和地下径流分别进入其汇入的下一个栅格单元内的壤中流蓄水库和地下径流蓄水库。该壤中流蓄水库和地下径流蓄水库分别都有 1 个出流孔，与此同时该栅格单元上游的壤中流蓄水库

和地下径流蓄水库的出流也分别进入该栅格单元内。综合以上可得，栅格单元内的地表径流、壤中流、基质流及管道流蓄水库出流可分别表示为

$$TT_{RS_i}(t) = TT_{RS_i}(t-1) \times CS + \left[\sum_{j=0}^{upi} T_{RS_j}(t) + RS_i(t) \times U \right] \times (1-CS) \quad (8\text{-}17)$$

$$TT_{RI_i}(t) = TT_{RI_i}(t-1) \times CI + \left[\sum_{j=0}^{upi} T_{RI_j}(t) + RI_i(t) \times U \right] \times (1-CI) \quad (8\text{-}18)$$

$$TT_{RG_{1,i}}(t) = TT_{RG_{1,i}}(t-1) \times CG_1 + \left[\sum_{j=0}^{upi} T_{RG_{1,j}}(t) + RG_{1,i}(t) \times U \right] \times (1-CG_1) \quad (8\text{-}19)$$

$$TT_{RG_{2,i}}(t) = TT_{RG_{2,i}}(t-1) \times CG_2 + \left[\sum_{j=0}^{upi} T_{RG_{2,j}}(t) + RG_{2,i}(t) \times U \right] \times (1-CG_2) \quad (8\text{-}20)$$

$$Q_i(t) = TT_{RS_i}(t) + TT_{RI_i}(t) + TT_{RG_{1,i}}(t) + TT_{RG_{2,i}}(t) \quad (8\text{-}21)$$

其中，CI 为壤中流的出流系数；CS 为地表径流的出流系数；CG_1 为管道流的出流系数；CG_2 为基质流的出流系数；upi 为第 i 个栅格单元上游的栅格单元数；T_{RS_j} 为上游第 j 个栅格自身产生的地表径流，m^3/s；T_{RI_j} 为上游第 j 个栅格自身产生的壤中流，m^3/s；$T_{RG_{1,j}}$ 为上游第 j 个栅格自身产生的管道流，m^3/s；$T_{RG_{2,j}}$ 为上游第 j 个栅格自身产生的基质流，m^3/s；TT_{RS_i}、TT_{RI_i}、$TT_{RG_{1,i}}$、$TT_{RG_{2,i}}$ 分别为第 i 个栅格上游及第 i 个栅格本身所产生的地表径流、壤中流、基质流、管道流的线性串联叠加，mm；U 为单位转换系数，$U = A/(3.6\Delta t)$，A 为栅格面积，km^2，Δt 为计算时段，h；Q_i 为第 i 个栅格内坡地总入流，m^3/s。

2）河道栅格汇流

在河道栅格上汇流采用马斯京根-康吉法来进行计算。马斯京根-康吉法是1969 年由康吉提出来的，由于形式与马斯京根演算公式一样，因此被称为马斯京根-康吉法[16]。该法对圣维南方程采用四点带权偏心差分格式来计算，空间差分权重取 1/2，时间差分权重为 $X_{mc}=1/2 - D/(C \times \Delta l)$（其中，$D$ 为扩散系数，C 为传播波速，Δl 为空间步长）。马斯京根-康吉法计算公式为

$$Q_{j+1}^{n+1} = C_1 Q_j^n + C_2 Q_j^{n+1} + C_3 Q_{j+1}^n + C_4 \quad (8\text{-}22)$$

$$C_1 = \frac{X_{mc} K_{mc} + 0.5\Delta t}{(1-X_{mc})K_{mc} + 0.5\Delta t} \quad (8\text{-}23)$$

$$C_2 = \frac{0.5\Delta t - X_{mc} K_{mc}}{(1-X_{mc})K_{mc} + 0.5\Delta t} \quad (8\text{-}24)$$

$$C_3 = \frac{(1-X_{mc})K_{mc} - 0.5\Delta t}{(1-X_{mc})K_{mc} + 0.5\Delta t} \quad (8\text{-}25)$$

$$C_4 = \frac{q\Delta t \Delta l}{(1-X_{mc})K_{mc}+0.5\Delta t} \qquad (8\text{-}26)$$

其中，C_1、C_2、C_3、C_4 为马斯京根-康吉法演算系数；$K_{mc}=\Delta l/C$ 为洪水波在河段的传播时间；X_{mc} 为马斯京根-康吉法权重系数；q 为栅格单元侧向单宽入流量，m^3/s；Δt 为时间步长，h。

8.2.3 模型参数

分布式新安江岩溶水文模型一共有 18 个参数，如表 8-1 所示。

表 8-1 分布式新安江岩溶水文模型参数表

序号	参数	序号	参数
1	蒸发折算系数 K	10	地表径流的出流系数 CS
2	平均张力水蓄水容量 WM/mm	11	岩溶面积、不透水面积占全流域面积的比 IM
3	上层张力水容量 WUM/mm	12	地下径流出流系数 KG
4	下层张力水容量 WLM/mm	13	壤中流出流系数 KI
5	深层张力水容量 WDM/mm	14	流域平均自由蓄水容量 SM/mm
6	张力水蓄水容量曲线指数 B	15	自由水蓄水容量曲线指数 EX
7	深层蒸散发折算系数 C	16	马斯京根-康吉法蓄量常数 K_{mc}/h
8	地下水消退系数 CG_1、CG_2	17	马斯京根-康吉法权重系数 X_{mc}
9	壤中流消退系数 CI	18	地下径流划分系数 $KGSF$

这 18 个参数可以分为四类：产流参数、蒸散发参数、水源划分参数、汇流参数。

8.2.4 模型参数敏感性分析及优化

1. 参数敏感性分析

水文模型参数的取值对模型的计算精度有很大的影响，因此需要对模型的参数进行计算分析。在本小节中主要分析的是参数的敏感性，从而确定敏感性参数与非敏感性参数。由于不同的参数在模型计算时可能会得到一样的结果，即参数存在异参同效性，使得在确定最优参数时具有很大的不确定性。本节采用 Beven 提出的 GLUE 方法[17]分析参数的敏感性，该方法能较好地分析出参数的异参同效性，从而使用参数的敏感性对参数进行划分。

GLUE 方法是在蒙特卡罗方法的基础上建立的一种不确定性方法，认为不同参数的互相影响可能会影响水文模型模拟的精度，而不仅仅是由单一的一个参数来决定模型结果的好坏。其想法是在确定模型每一个参数的取值范围的基础上，采用随机采样的方式来确定模型参数计算样本，确定模型计算结果评价因子即目标值，再将模型参数样本放入模型进行计算，最后得到每一组样本的目标值。得到目标值后需设定一个阈值，低于该阈值的目标值需赋值为 0，高于阈值的目标值则被保留，以此来分析模型参数的敏感性。具体步骤如下。

第一步：定义目标值即似然目标函数，目前常用 Nash_Sutcilffe 系数作为似然目标函数，用来判别结果的拟合程度：

$$L\theta_i \mid y = 1 - \frac{\sigma_i^2}{\sigma_0^2} \tag{8-27}$$

式中，$L\theta_i \mid y$ 为第 i 组参数样本点对应的确定性系数的值；σ_i^2、σ_0^2 为第 i 组参数样本点对应的模拟、实测流量序列的方差。

第二步：确定参数取值范围，参数取值范围根据经验进行确定，一般来说，难以确定模型参数的先验分布，因此本节采取均匀分布来表示。

第三步：根据参数目标计算结果估计参数的不确定性。

在估计参数的不确定性时，首先要保证参数在计算时有足够多的样本点，这样更加易于接近参数的分布特征，同时也可减少由于参数样本点的缺少而产生局部最优区间，造成分析结果错误。

2. 模型参数优化分析

分布式新安江岩溶水文模型在乔音河流域应用时还需确定模型参数。模型参数中具有许多不确定性因素，这些因素很难通过客观手段来确定，因而需要确定一套具体的参数，通过参数来计算流域的汇流，然后与实测值进行比较。

1）参数优化目标函数及参数范围

参数优化时需要确定目标函数，并且根据具体的问题选择目标函数，本次选择的目标函数是确定性系数 DC，并以确定性系数最大原则来优化模型参数：

$$DC = 1 - \frac{\sum_{i=1}^{N}\left[y_c(i) - y_0(i)\right]^2}{\sum_{i=1}^{N}\left[y_c(i) - \overline{y_0}\right]^2} \tag{8-28}$$

式中，DC 为模型模拟结果确定性系数（一般精度为 0.01）；$y_c(i)$ 为第 i 时段的计算值；$y_0(i)$ 为第 i 时段的实测值；$\overline{y_0}$ 为实测资料序列数据的平均值；N 为实测资料序列数据个数。

2）模型参数模拟效果判定标准

《水文情报预报规范》（GB/T 22482—2008）[18]规定应在建立洪水预报方案后

对方案的计算精度等级进行评估与分析。在评价洪水过程时一般采用确定性系数 DC 作为评价目标值，原因是确定性系数能够较为形象地描写预报过程中预报结果与实测数据的相关程度。

本次洪水预报方案误差评价采用洪水预报许可误差，许可误差是依据预报成果的使用要求和实际预报技术水平等综合确定的误差允许范围，许可误差分为三种：洪峰预报许可误差、洪峰出现时间预报许可误差、径流深预报许可误差。洪峰预报许可误差以实测洪峰流量的 20%作为许可误差；洪峰出现时间预报许可误差以预报根据时间至实测洪峰出现时间时距的 30%作为许可误差，当许可误差小于 3h 或一个计算时段长，则以 3h 或一个计算时段长作为许可误差；径流深预报许可误差以实测径流深的 20%作为许可误差，当该值大于 20mm 时取 20mm，当小于 3mm 时取 3mm。

将场次洪水评定为合格预报的前提是预报的误差小于评价项目中的许可误差。合格率是预报场次洪水中合格次数与洪水总次数的百分比，表示的是洪水预报方案总体的精度水平，可作为洪水预报精度评定的有效手段。合格率按式（8-29）计算：

$$QR = \frac{n}{m} \times 100\% \tag{8-29}$$

式中，QR 为预报合格率（一般精度为 0.1）；n 为合格预报次数；m 为预报总次数。

合格率或确定性系数通常是预报项目精度划分的准则，精度等级如表 8-2 所示。

表 8-2　预报项目精度评定表

等级	甲级	乙级	丙级
合格率/%	$QR \geqslant 85.0$	$85.0 > QR \geqslant 70.0$	$70.0 > QR \geqslant 60.0$
确定性系数	$DC \geqslant 0.90$	$0.90 > DC \geqslant 0.70$	$0.70 > DC \geqslant 0.50$

3）参数优化方法

本节计算模型参数时采用的是 SCE-UA 优化算法[19]，该算法在集合了生物竞争进化、随机搜索和确定性搜索等方法的优点后计算得到目标值，按照目标函数最优的准则进行样本的选择，并引入了种群概念。CCE 复合形进化算法是算法的关键部分，这是竞争性的一种算法。该算法进行计算时虽然有较多的参数，但绝大部分参数的取值都可以采用国内外研究者们已有的默认研究值，但复合形参数个数 p 则需要根据具体的问题来确定。一般推荐 $\alpha = 1$、$\beta = 2n + 1$、$q = n + 1$、$m = 2n + 1$、$s = p \times m$。

用 SCE-UA 模型参数优化算法求解问题的流程如下（图 8-2）。

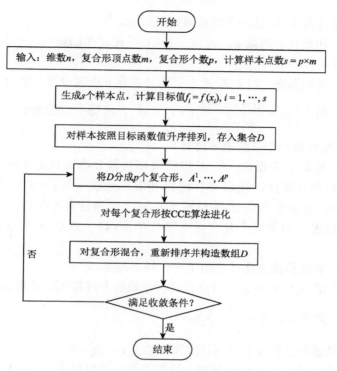

图 8-2　SCE-UA 优化算法流程图

第一步：生成初始化参数。假定所要解决的问题是 n 维，选取复合形的个数 p（$p \geqslant 1$）及每个复合形所包含的顶点数 m（$m \geqslant n+1$），计算生成的初始样本点数 $s = p \times m$。

第二步：根据问题所需生成初始样本点。在所研究问题的可行域内随机产生 s 个样本点 $X_1, \cdots, X_s$，分别计算每个样本点 X_i 的目标值 $f_i = f(x_i)$，$i = 1, \cdots, s$。

第三步：将生成的样本点排序。把第二步生成的样本点按照目标值的大小升序排列，排序后仍将序列记为集合为 $D = \{[x_i, f(x_i)], i = 1, \cdots, s\}$，其中 $f_1 \leqslant f_2 \leqslant \cdots \leqslant f_s$。

第四步：将样本点划分复合形群体。将排完序后的样本点集合 D 划分为 p 个复合形 $A^1, \cdots, A^p$，每个复合形含有 m（$m = 2n + 1$）个点，其中，

$$A^k = \left\{ (x_j^k, f_j^k);\ x_j^k = x_{j+(k-1)m},\ f_j^k = f_{j+(k-1)m},\ j = 1, \cdots, s \right\},\ k = 1, \cdots, p \qquad (8\text{-}30)$$

第五步：复合形进化。按照 CCE 分别进化每个复合形。

第六步：复合形混合。p 个复合形的所有顶点经进化后，将所生成的顶点重新组合按照目标值的大小升序排列，排序后仍记为集合 D。

第七步：收敛性判断。如果收敛结果满足条件则停止，否则继续回到第四步计算。

其中竞争性的 CCE 算法具体步骤如下所示。

第一步：初始化。选取 q、α、β，$2 \leqslant q \leqslant m, \alpha \geqslant 1, \beta \geqslant 1$（一般选 $q = n + 1$，$\alpha = 1$，$\beta = 2n + 1$）。

第二步：分配概率。对于第 A^k 个（即一共有 p 个复合形）复合形中的每个顶点分别计算其概率 $\left[p_i = \dfrac{2(m+1-i)}{m(m+1)}, i = 1, \cdots, m \right]$，将每个点的概率与对应的目标值 f 相乘（计算得到每一个点的概率质量）。

第三步：选取父辈群体。从 A^k 按照概率质量分布随机地（混合所有点的概率质量，然后进行排序，最后进行随机抽取）选取 q（$q = n + 1$）个不同的点 $u_1, \cdots, u_q$，并记录 q 个点在 A^k 的位置 $L(p, m)$（p 为复合形个数，m 为点在每个复合形中的位置，即第几个复合形中第几个顶点），并把 q 个点及其目标值存入 $B(X_i, f_i)$ 中。

第四步：通过算法进化计算出下一代样本群体。

（1）对变量 $B(X_i, f_i)$ 中 q 个顶点以目标函数值升序排列，计算前 $q-1$ 个点（不计算最差点）的形心：$g = \dfrac{1}{q-1} \sum\limits_{j=1}^{q-1} u_j$。

（2）计算最差点的反射点（计算新顶点）$r = 2g - u_q$。

（3）如果反射点 r 在可行域内，计算其相应的目标值 f_r，转到（4）；否则，计算包含 A^k 的最小超平面 H（最小超平面范围即已随机产生的样本变量 X 所包含的最大值与最小值），从 H 中随机抽取一可行点 z，计算 f_z，以 z 代替 r，f_z 代替 f_r。

（4）若 $f_r \leqslant f_q$，以 r 代替最差点 u_q，转到步骤（6）；否则计算新顶点 $c = (g + u_q) / 2$ 和 f_c。

（5）若 $f_c \leqslant f_q$，以 c 代替 u_q，转到（6）；否则，从包含 A^k 的可行域超平面 H 中随机抽取一点 z，计算 f_z，以 z 代替 u_q，f_z 代替 f_q。

（6）重复（1）到（5）α（一般取 $\alpha = 1$）次。

第五步：取代。把变量 $B(X_i, f_i)$ 中进化产生的下一代群体即 q 个点放回 A^k 原位置 $L(p, m)$，并重新排序。

第六步：迭代。重复（2）到（5）β 次（一般 $\beta = n + 1$），它表示进化了 β 代。

8.3　乔音河流域洪水模拟

8.3.1　研究区概况及水文地质特征

乔音河位于中国广西壮族自治区河池市凤山县，地处云贵高原南部边缘地带，东经 106°49′54″～107°12′16″，北纬 24°27′16″～24°28′29″。乔音河为凤山县中部水系，由北向南，经岩溶地区多段没入地下，至袍里乡月里村顶头屯出露后约 300m 最后一次汇入地下，至巴马瑶族自治县甲篆镇坡月村复出后汇入盘阳河，共有 7 条支流。本节研究的乔音河流域指的是乔音河凤山水文站以上的流域，流域面积 370km²，地处于水文条件复杂的岩溶区内，乔音河流域凤山站以上水系如图 8-3 所示。

图 8-3　乔音河流域凤山站以上水系示意图

主河乔音河，由巴甲、合运 2 条支流至乔音屯境内汇合而成。流经乔音乡那王村、康里村、额里村、久加村至凤城镇松仁村仁里屯入拉累岩，出内龙岩过凤城、恒里又入岩，再复出于京里村坡脚附近，明流约 800m 于良利村河边屯再次入岩，第三次复出后第四次入岩，于袍里乡月里村良湾屯复出，汇同坡心河没入地下出巴马县境。干流区集雨面积 399.25km²，天然落差 103m，多年平均流量 8.784m³/s。该河中上游蜿蜒于崇山峡谷间，水急滩多，水能丰富。

乔音河流域地处北回归线以北，云贵高原南部边缘，属亚热带季风气候区。由于北有云贵高原作屏障，削弱了北方冷空气的侵入，又因地形自西北向东南倾斜，有利于东南暖湿季风的输入，故冬季无严寒，夏季无酷暑，冬短而干，夏长而湿，春秋相当。间有冰雹，偶降小雪，冬夏季风交替规律明显。气温在年际间的变化不大，以县城气象观测点为例。1958～1995 年历年平均气温 19.2℃。最高是 1987 年的 20.2℃。最低是 1984 年的 18.4℃，差值为 1.8℃，以±1.25℃的变化幅度偏离平均值，变化幅度为 6.5%。

乔音河流域多年平均降水量为 1200mm（图 8-4a）。历年降水量以±284.8mm的变化幅度偏离平均值，变化幅度达 18.4%。历年月平均降水量 129mm，但分配极为不均，是旱涝灾害的直接原因，1 月降水量最少，仅 23.6mm。6 月降水量最多，高达 313.5mm（图 8-4b）。历年月平均降水量以±85.2mm 的变化幅度偏离平均值，变化幅度高达 66%，历年季平均降水量中夏季降水量达 853.9mm，占全年降水量 55.2%，以下依次为春季（347.8mm，占 22.4%）、秋季（272.1mm，占 17.6%）、冬季（75.1mm，占 4.8%）。

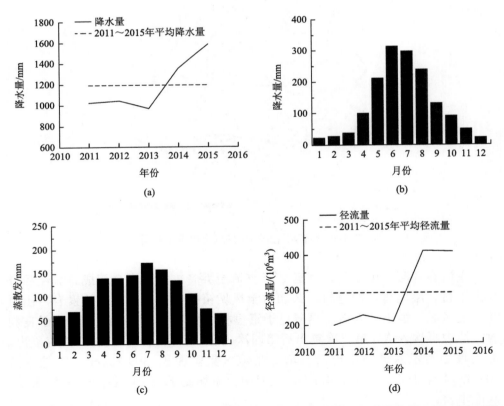

图 8-4　乔音河流域 2011～2015 年（a）年平均降水量、（b）多年月平均降水量、（c）多年平均蒸散发及（d）年平均径流量

历年相对湿度平均值为 79%，8 月最高为 85%，1～3 月最低为 75%。相对湿度最大值为 96%（1959 年 10 月），最小值为 70%（1967 年 1 月）。历年全年平均蒸散发为 1367.9mm，最高年为 1555.3mm（1963 年），最低年为 1242.3mm（1970 年）。

8.3.2　数据收集及资料处理

本次对乔音河流域的研究一共收集了 4 个雨量站、1 个水库水文站 2011～2015 年的雨量资料及 1 个水文站 2011～2015 年的流量数据资料，4 个雨量站分别是拉当、老里、巴作、久文雨量站，一个水库水文站是乔音站，一个水文站是凤山水文站。乔音河流域内仅有一座中型水库——乔音水库。乔音水库位于凤山县乔音乡的乔音河上，距凤山县城约 23km，水库是一座以灌溉为主，结合防洪、发电等综合利用的中型水利工程，水库坝址以上集雨面积 92.6km^2，总库容 1101×10^4m^3，正常水位 588.01m。2014 年乔音水库扩容改造后将乔音水库转型为以供水、灌溉为主，结合下游防洪、生态综合利用为主的水库。由于水库调洪能力有限，故在本节研究中不考虑乔音水库对乔音河流域模拟精度的影响。

本节一共收集了凤山水文站 2011～2015 年每小时流量数据资料及 6 个站点的每小时雨量数据（表 8-3），其中凤山水文站流量数据资料有所缺失，因此采用插值计算法将缺失资料插补延长得到连续每小时数据资料；蒸发数据资料采用凤山水文站附近蒸发站的数据，以此来代表乔音河流域蒸发数据资料，由于收集的蒸发数据为每日资料，因此需要将蒸发数据资料平均分配为每小时雨量数据资料，最后将雨量数据资料、蒸发数据资料在程序计算中处理为时间步长 20min 的数据输入计算程序。

表 8-3　乔音河流域雨量站、水文站点等信息

站点	类型	东经	北纬
巴作	雨量站	106°57′55″	24°36′53″
久文	雨量站	106°58′10″	24°32′59″
拉当	雨量站	107°1′42″	24°43′48″
老里	雨量站	107°4′60″	24°34′60″
乔音	水库水文站	107°0′32″	24°39′36″
凤山	水文站	107°2′2″	24°32′26″

　　结合收集到的数据最终在 2011～2015 年数据中选择 10 场洪水作为本节研究分析的场次洪水，其中 6 场为参数率定期洪水场次，4 场为参数验证期洪水场次，具体洪水场次如表 8-4 所示。

表 8-4　乔音河流域 2011～2015 洪水场次及参数

汛期	序号	场次	雨量/mm	径流深/mm	洪峰流量/(m³/s)
率定期	1	20110609	37.05	3.96	27.5
	2	20110614	31.16	4.77	25.0
	3	20110630	89.72	13.24	39.7
	4	20110709	49.87	5.57	35.9
	5	20120607	67.22	37.19	186.0
	6	20140603	113.42	104.21	503.0
验证期	1	20150519	70.83	11.53	58.0
	2	20150620	79.72	55.80	336.0
	3	20150818	77.80	58.51	276.0
	4	20150910	57.81	33.38	91.1

8.3.3　实例应用

1. 模型输入数据处理

1）流域 DEM 预处理

　　基于地表漫流原理，从 DEM 中提取水系时要求 DEM 中不能存在洼地等地形，这样会造成水系提取的不正确。从 DEM 中提取水系的地形时要求必须是由斜坡构成的，即必须要保证在流域上划分的每一个栅格都可以拥有一条流向流域出口的道路。实际上，原始的 DEM 图层中都会包含平地及洼地，因此，在提取的过程中需要进行预处理来填平流域内的洼地。该地处于岩溶区，还要注意的是与真实的流域地形相比较，保留流域的落水洞等真实地形不会因为 DEM 预处理而被填平，所以 DEM 的预处理关键点在于填洼时阈值的设置。本节研究采用的是在地理空间数据云中下载的分辨率为 30m×30m、矩阵为 3601×3601 的 DEM 图层，经 ArcGIS 处理后生成分辨率为 100m×100m、矩阵为 373×313 的 DEM 图层。乔音河流域原始 DEM 图及填洼后的 DEM 图如图 8-5 所示。

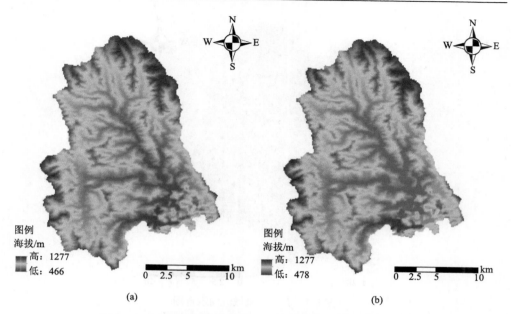

图 8-5　乔音河流域（a）原始 DEM 图和（b）DEM 填洼图

2）流域栅格流向计算与提取

流域栅格流向指的是栅格内水流流出时的方向。一般确定流向的方法有两类：多流向法和单流向法。多流向法结构比较复杂且计算相对比较困难，但是可以客观地描述坡面流过程，认为水流的流向具有分散性，一个栅格内的水流可以有多个流向，按照水流的比例汇向坡度较低的相邻网格，常用算法有无穷方向算法、管流法等；单流向法结构简单，概化性地描述了栅格水流特征，认为流域上的每一个栅格只有一个流向，流向是指向相邻栅格中坡度较低的栅格，主要算法有随机四方向法、随机八方向法、最大坡度算法。本节研究选择的是单流向法，采用最大坡度算法即 D8 算法计算栅格水流方向。D8 算法最早是由 Mark 等提出的，它根据的是 DEM 栅格单元与相邻的八个单元的最大坡降来计算水流方向，坡降最大的网格即为栅格单元的流向栅格。D8 算法水流方向示意图如图 8-6 所示。

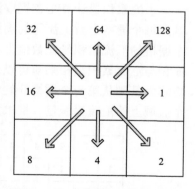

图 8-6　D8 算法水流方向示意图

乔音河流域流向如图 8-7 所示。

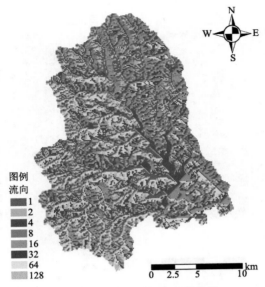

图 8-7　乔音河流域流向示意图

　　在进行分布式新安江岩溶水文模型计算时还需要提取出 DEM 数据，在利用 ArcGIS 处理流域 DEM 时，同时也提取出 DEM 流向数据。这些数据在进行模型计算时以原始资料的形式输入模型，主要是在流域计算汇流时使用，以确定汇流时流量的计算顺序及方向。

　　3）流域水流累积量计算与提取

　　水流累积量计算是在提取流域栅格流向的基础上得到的，其核心就是计算流域上每个栅格上游汇流区的面积然后以此计算每一栅格流过的水量。流域上每一个栅格的汇流累积量在数值上直接或间接地等于栅格上游汇流量的总和。以栅格面积与汇流累积量相乘即可以得到每一个栅格的水流累积量。一般是以栅格流向矩阵为基础从第一个栅格开始计算，按照顺序搜索至流域出口栅格，然后得到整个流域上的汇流累积量。推求汇流累积量的计算示意图如图 8-8 所示。

2	2	2	4	4	8
2	2	2	4	4	8
1	1	2	4	8	4
128	128	1	2	4	8
2	2	1	4	4	4
1	1	1	1	4	16

⟹

0	0	0	0	0	0
0	1	1	2	2	0
0	3	7	5	4	0
0	0	0	20	0	1
0	0	0	1	24	0
0	2	4	7	35	2

图 8-8　汇流累积量计算示意图

按照 D8 算法计算得到的乔音河流域汇流累积量示意如图 8-9 所示。

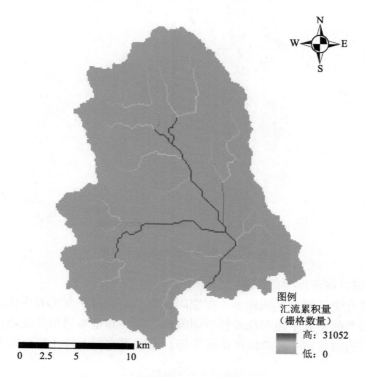

图 8-9 乔音河流域汇流累积量示意图

　　在确定流域汇流计算次序的同时也需要确定流域汇流累积量数据，以确定流域内每一个单元内的汇流累积量。

　　4）流域栅格河网计算与提取

　　在提取流域水系时，由于各级河道的形成存在一定范围的集水面积即需要设定一个集水面积阈值，假定流域内的阈值为常数。根据 D8 算法确定的水流流向路径可以计算出在流域内任一栅格单元的上游栅格集水面积，并通过矩阵的方式表达集水面积累积量。阈值的取值需要考虑河网的密集程度，这直接影响到流域河网的生成。当集水面积累积量达到阈值时，在流域上才能形成河网。在河流栅格矩阵中，通过 ArcGIS 软件界面设置汇流集水面积阈值，不低于此阈值的栅格为河道栅格标记为 1，否则为非河道栅格标记为 0，以此来区分河道栅格与非河道栅格。图 8-10 为提取出的流域河网示意图。

　　流域汇流计算是需要对流域内的河道与非河道进行区分，因此需要对流域内的河网数据进行提取。

图 8-10　乔音河流域河网示意图

5）流域栅格降雨插值计算

本节研究由于研究区域较小，在空间分布上不会存在太大的变化，因此采用局部插值法里的泰森多边形法进行空间降水差值。其基本思想是流域内栅格雨量与离它最近的雨量站所在的栅格雨量相等。流域平均面雨量计算公式为

$$\overline{P} = \frac{\sum\limits_{i=1}^{n} a_i P_i}{A} \qquad (8\text{-}31)$$

式中，n 为流域雨量站个数；$\overline{P}$ 为流域平均面雨量，mm；a_i 为第 i 个雨量站的控制面积，km^2；P_i 为第 i 个雨量站雨量，mm；A 为流域面积，km^2。乔音河流域泰森多边形划分与各雨量站控制权重分别如图 8-11 及表 8-5 所示。

6）模型汇流演算次序

在进行汇流演算时，对地表径流，壤中流，地下径流进行汇流演算是按照栅格演算次序计算的，因此需要对栅格进行分层，然后对每一层分别计算。本次使用的栅格演算次序矩阵是建立在汇流累积量及流向的基础上的，首先通过汇流累积量来确定流域出口（流域出口为最大累积量），将流域出口层次定义为1；然后按照顺时针方向扫描邻近 8 个点的流向依次计算层次值，若邻近栅格点流入该中心栅格，则计该层次为中心栅格层次加 1 层，直到流域内所有栅格皆赋有层次值；最后将得到的栅格演算层次倒序计算，即将最大值与最小值交换，依次计算后得到栅格演算次序矩阵[20]。得到栅格演算次序矩阵后，首先计算级别为 1 的栅格，出口栅格为最大层次即最后演算，栅格汇流演算次序计算简图如图 8-12 所示。

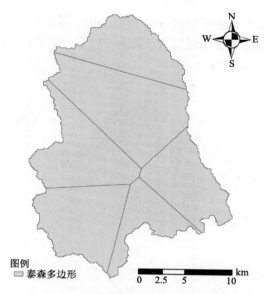

图 8-11　乔音河流域雨量站控制区域图

表 8-5　乔音河流域各雨量站控制权重

站点	控制面积/km²	权重	站点	控制面积/km²	权重
凤山水文站	48.37	0.136	拉当雨量站	40.44	0.113
老里雨量站	46.36	0.13	巴作雨量站	54.63	0.153
乔音水库水文站	113.13	0.317	久文雨量站	53.65	0.15

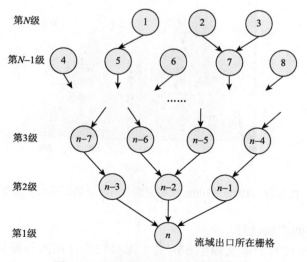

图 8-12　栅格汇流演算次序计算简图

本节研究采用流域 100m×100m 分辨率 DEM 图层经，汇流演算得到从最后一个汇流栅格流入出口栅格所经层次一共为 236 层，图 8-13 为乔音河流域汇流次序图，图 8-14 为每一层的栅格数。

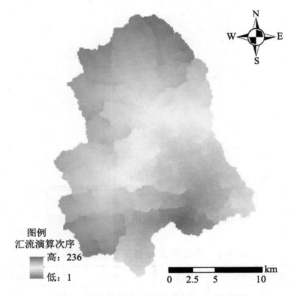

图 8-13　乔音河流域汇流次序示意图

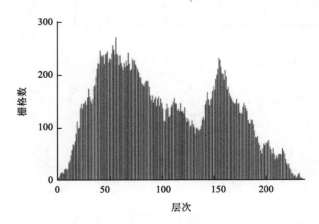

图 8-14　100m×100m 栅格空间分辨率下的汇流层栅格数

7）模型时间步长选择

分布式新安江岩溶水文模型在河道汇流模块中使用的马斯京根-康吉法含有 3 个计算参数，分别为时间步长、流量权重系数、洪水波传播时间。对于某一个空间步长定值而言，不管时间步长为多大都可求出可行解，但是不同时间步长所得出的解其精度不同。本节以提取的 100m×100m 分辨率的 DEM 栅格为例，分别将时间步长划分为 1h、30min、20min、15min，将流域栅格流量演算至出口，以此来分析时间步长对马斯京根-康吉法汇流的影响。图 8-15 为时间步长分别为 1h、30min、20min、15min 的汇流演算结果与实测结果对比。

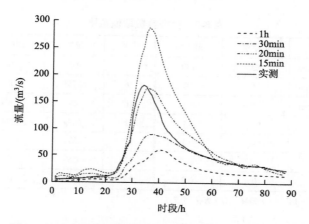

图 8-15　不同时间步长的汇流演算结果与实测结果对比

由图 8-15 可知，时间步长的选择会对汇流演算结果产生比较大的影响。因此，通过本节对马斯京根-康吉法时间步长参数的分析，当计算河道汇流时间步长取 20min 时，径流过程与实测流量拟合程度最高，故将时间步长取 20min。由于本节所收集的数据为流域内 1h 的雨量数据，故在计算时将每小时的雨量插值分为 3 个时段，再演算至流域出口断面。故本节研究中马斯京根-康吉法参数：Δt 为 1/3，X_{mc} 为 0.1，K_{mc} 为 0.03。

2. 模型参数敏感性分析

在进行参数分析时，不同洪水对参数造成的影响也不一样，因此需要对流域几场不同的洪水进行敏感性分析。在收集的 2011~2015 年实测数据中，本节采取的是利用洪峰流量这个指标来对洪水进行选取。在不同流量的洪水中任挑取两场洪水，以此来分析不同洪峰流量洪水的参数特征，根据洪峰流量任意选取的洪水场次如表 8-6 所示。

表 8-6　敏感性参数分析选取场次

洪水序号	洪水场次	洪峰流量/(m³/s)
1	20120607	186.0
2	20140603	503.0

在模型参数敏感性分析时需确定参数的取值范围,其取值范围如表 8-7 所示。根据国内众多研究者的研究结果,本次模型参数 IM 取经验值,$IM = 0.01$;由于广西乔音河流域在地理位置上属于南方湿润地区,且流域内有岩溶分布,自由水蓄水容量不均匀,所以取 $EX = 1.5$。将 IM、EX 取为定值,使用优化算法时不再对这两个参数进行计算。

表 8-7　模型参数取值范围

序号	参数	最小值	最大值	序号	参数	最小值	最大值
1	WM/mm	120	180	8	KG	0	0.7
2	WUM/mm	10	30	9	$KGSF$	0	1
3	WLM/mm	60	90	10	CI	0	1
4	K	0.7	1.1	11	CG_1	0.98	0.998
5	B	0.1	0.5	12	CG_2	0.98	0.998
6	C	0.1	0.2	13	CS	0	1
7	KI	0	0.7	14	SM/mm	10	50

注:$WM = WUM + WLM + WDM$,$KI + KG = 0.7$。

在表 8-7 的模型参数初始范围内随机选取 10 000 个样本点计算,洪水 1 与洪水 2 参数经 GLUE 方法分析发现二者敏感性一致。其中,参数 CI 最为敏感,当 CI 为 0.6～0.8 时计算出的径流过程与实测数据拟合度高;模型参数中 WM、WUM、WLM、K、B、C、CS、$KGSF$、CG_1、CG_2、SM 在参数范围内均匀分布,属于不敏感参数;模型参数 KI、KG 在参数范围的某一个区域内分布比较密集,随着参数的变化,目标值呈现无规律的变化,属于较敏感参数。分布式新安江岩溶水文模型不同洪水参数与其对应的目标值的关系如图 8-16 所示。

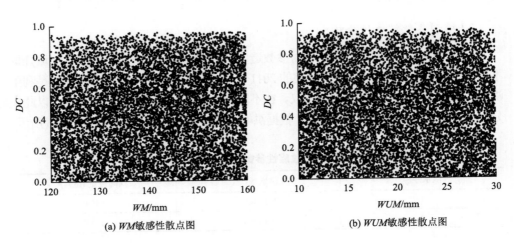

(a) WM敏感性散点图　　　　　　　　　　(b) WUM敏感性散点图

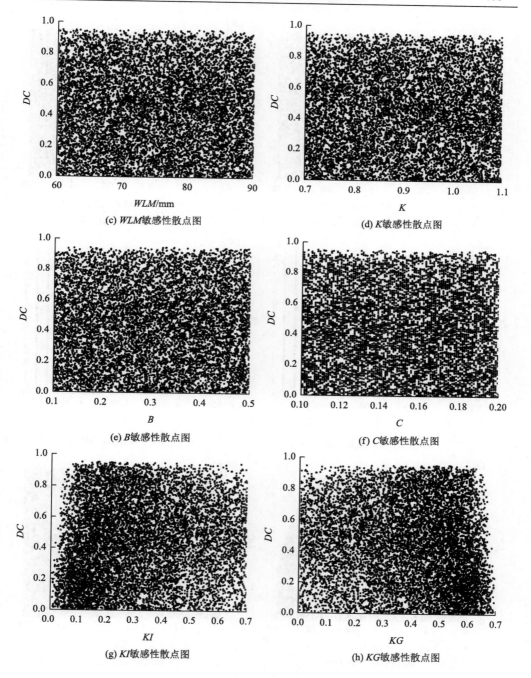

(c) WLM敏感性散点图　　　　　　　　　　(d) K敏感性散点图

(e) B敏感性散点图　　　　　　　　　　(f) C敏感性散点图

(g) KI敏感性散点图　　　　　　　　　　(h) KG敏感性散点图

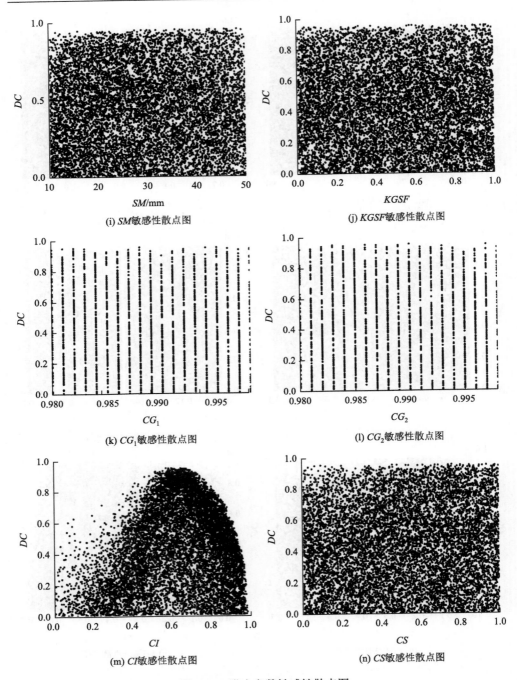

(i) SM敏感性散点图　　　　　　　　　　(j) $KGSF$敏感性散点图

(k) CG_1敏感性散点图　　　　　　　　　　(l) CG_2敏感性散点图

(m) CI敏感性散点图　　　　　　　　　　(n) CS敏感性散点图

图 8-16　洪水参数敏感性散点图

从表 8-8 可以明显地看出模型参数的异参同效性，例如，洪水 2 模型不同的参数可得到同一个确定性系数 DC 为 0.87。

表 8-8　洪水 2 模型参数的异参同效性

参数	DC	IM	EX	WM	WUM	WLM	WDM	K	B
参数组 1	0.87	0.01	1.5	158.243	27.907	74.206	56.13	0.967	0.11
参数组 2	0.87	0.01	1.5	158.23	12.109	84.963	61.158	1.083	0.451
参数组 3	0.87	0.01	1.5	157.714	23.211	78.173	56.33	1.089	0.135
参数组 4	0.87	0.01	1.5	156.101	12.997	65.643	77.461	1.023	0.247
参数组 5	0.87	0.01	1.5	150.254	13.048	76.306	60.9	1.04	0.403

参数	C	SM	KI	KG	CI	CG_1	CG_2	CS	$KGSF$
参数组 1	0.174	20.221	0.529	0.171	0.613	0.99	0.996	0.466	0.638
参数组 2	0.197	47.856	0.188	0.512	0.679	0.993	0.99	0.288	0.744
参数组 3	0.177	19.967	0.468	0.232	0.549	0.996	0.995	0.879	0.307
参数组 4	0.185	36.047	0.276	0.424	0.627	0.997	0.987	0.978	0.014
参数组 5	0.199	32.315	0.253	0.447	0.64	0.997	0.99	0.589	0.578

3. 模型性能参数优化分析

根据参数敏感性分析得知，参数 CI、KI、KG 属于敏感型参数，因此进行参数优化时它的取值范围不变，具体取值范围见表 8-9。

表 8-9　优化后的模型参数取值范围

序号	参数	最小值	最大值	序号	参数	最小值	最大值
1	WM/mm	150	170	8	KG	0	0.7
2	WUM/mm	10	30	9	$KGSF$	0.4	0.6
3	WLM/mm	60	90	10	CI	0	1
4	K	0.7	1.0	11	CG_1	0.98	0.998
5	B	0.2	0.5	12	CG_2	0.98	0.998
6	C	0.1	0.2	13	CS	0.7	1
7	KI	0	0.7	14	SM/mm	30	50

注：$WM = WUM + WLM + WDM$，$KI + KG = 0.7$。

使用参数优化方案分别对选择的两场洪水模型参数进行优化，得到的优化结果见表 8-10。

表 8-10　不同洪水模型参数优化结果

参数	洪水 1	洪水 2
IM	0.01	0.01
EX	1.5	1.5
WM/mm	157.376	158.881
WUM/mm	12.627	11.544
WLM/mm	60.579	83.616
WDM/mm	84.17	63.721
K	0.788	0.853
B	0.233	0.432
C	0.183	0.13
SM/mm	40.7	30.017
KI	0.541	0.405
KG	0.159	0.295
CI	0.712	0.674
CG_1	0.985	0.995
CG_2	0.98	0.986
CS	0.806	0.743
$KGSF$	0.469	0.561

确定不同洪水的模型参数后，由于本节研究需要确定的是一套可以适用于不同洪水的模型参数，因此需对使用优化算法计算后的参数结合人工率定的方式加以验证，以确定性系数最大为原则得到一套可用于不同洪水的模型参数，通过率定得到适用于乔音河流域的模型参数如表 8-11 所示。

表 8-11　模型参数表

参数	WM/mm	WUM/mm	WLM/mm	WDM/mm	B	K	C	IM	SM/mm
参数值	162	30	60	72	0.2	0.7	0.15	0.01	40
参数	EX	KI	KG	CI	CG_1	CG_2	CS	$KGSF$	
参数值	1.5	0.4	0.3	0.7	0.992	0.997	0.7	0.6	

4. 洪水场次模拟结果

1）率定期模拟结果

根据优化得到的模型参数，计算得到的 6 场参数率定期洪水模拟数据如表 8-12 所示，参数洪水模拟过程线如图 8-17 所示。

表 8-12　参数率定期洪水模拟数据表

洪号	实测径流深/mm	预报径流深/mm	径流深误差/%	实测洪峰流量/(m³/s)	预报洪峰流量/(m³/s)	洪峰流量误差/%	峰现时差/h	确定性系数 DC	是否合格
20110609	3.96	3.59	−9.34	27.5	23.783	−13.52	0	0.869	是
20110614	4.77	4.22	−11.53	25	26.683	6.73	0	0.705	是
20110630	13.24	14.11	6.57	39.7	41.231	3.86	0	0.661	是
20110709	5.57	5.94	6.64	35.9	26.968	−24.88	3	0.381	否
20120607	37.19	33.63	−9.57	186	200.683	7.89	0	0.784	是
20140603	104.21	96.64	−7.26	503	531.032	5.57	−1	0.901	是
合格率	—	100%	—	—	—	86.7%	100%	—	83.33%

注：1. 表中的峰现时差，正值表示预报洪峰发生时间晚于实测洪峰发生时间，负值表示提前。2. 表中的误差均指相对误差，即预报值与实测值的差值占实测值的百分比。

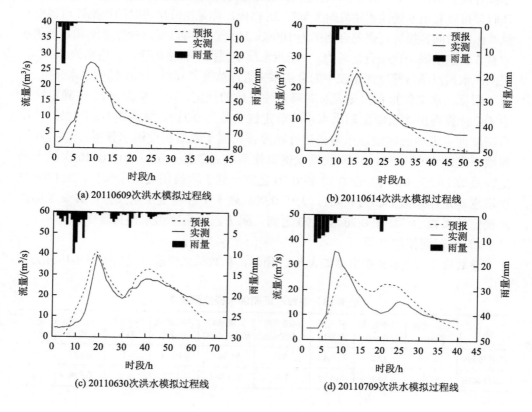

(a) 20110609次洪水模拟过程线　　　(b) 20110614次洪水模拟过程线

(c) 20110630次洪水模拟过程线　　　(d) 20110709次洪水模拟过程线

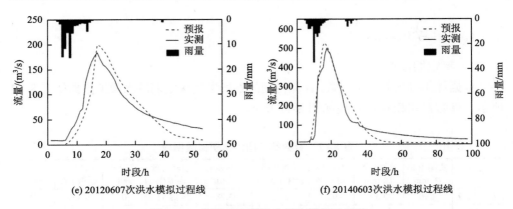

(e) 20120607次洪水模拟过程线　　　　　　　(f) 20140603次洪水模拟过程线

图 8-17　参数率定期洪水场次模拟过程线

根据《水文情报预报规范》对许可误差的规定可知，参数率定期洪水径流深误差均在 20%以内，满足径流深预报许可误差，径流深预报许可误差合格率为 100%；其中，从洪峰流量误差可以看出 6 场洪水中有 5 次洪水洪峰流量误差在 20%以内，满足洪峰流量预报许可误差，20110709 次洪水洪峰流量误差为−24.88%，超出了洪峰预报许可误差，属于不合格洪水预报场次，洪峰预报许可误差合格率为 86.7%；从峰现时差可以看出 6 场洪水洪峰时差均在 3h 以内，满足洪峰出现时间预报许可误差，洪峰出现时间预报许可误差合格率为 100%。综合以上可以得出参数率定期 6 场洪水中有 5 场洪水属于预报合格场次，1 场洪水属于预报不合格场次，合格率为 86.7%，按照洪水预报项目精度评定表中的合格率来进行精度评判属于乙级精度洪水预报。

根据《水文情报预报规范》对确定性系数的规定，可以从表 8-12 中确定性系数 DC 计算得出参数率定期洪水平均确定性系数为 0.717，按照表 8-2 洪水预报项目精度评定表中的确定性系数来进行精度评判属于乙级精度洪水预报。其中，6 场参数率定期洪水中 20110709 次洪水确定性系数 DC 小于 0.5；20110630 次洪水确定性系数 DC 为 0.661，在 0.50 和 0.70 之间，属于丙级精度洪水预报；20140603 次洪水确定性系数 DC 为 0.901，大于 0.90，属于甲级精度洪水预报；其余 3 场洪水确定性系数 DC 均在 0.70 和 0.90 之间，属于乙级精度洪水预报。

2）验证期模拟结果

参数验证期洪水模拟数据如表 8-13 所示，参数洪水模拟过程线如图 8-18 所示。

表 8-13　参数验证期洪水模拟数据表

洪号	实测径流深/mm	预报径流深/mm	径流深误差/%	实测洪峰流量/(m³/s)	预报洪峰流量/(m³/s)	洪峰流量误差/%	峰现时差/h	确定性系数 DC	是否合格
20150519	11.53	9.52	−17.43	58	51.907	−10.51	−1	0.825	是
20150620	55.8	50.1	−10.22	336	375.384	11.72	−1	0.818	是

洪号	实测径流深/mm	预报径流深/mm	径流深误差/%	实测洪峰流量/(m³/s)	预报洪峰流量/(m³/s)	洪峰流量误差/%	峰现时差/h	确定性系数 DC	是否合格
20150818	58.51	49.05	−16.17	276	285	3.26	0	0.846	是
20150910	33.38	28.48	−14.68	91.1	84.763	−6.96	0	0.783	是
合格率	—	—	100%	—	—	100%	100%	—	100%

注：1. 表中的峰现时差，正值表示预报洪峰发生时间晚于实测洪峰发生时间，负值表示提前。2. 表中的误差均指相对误差，即预报值与实测值的差值占实测值的百分比。

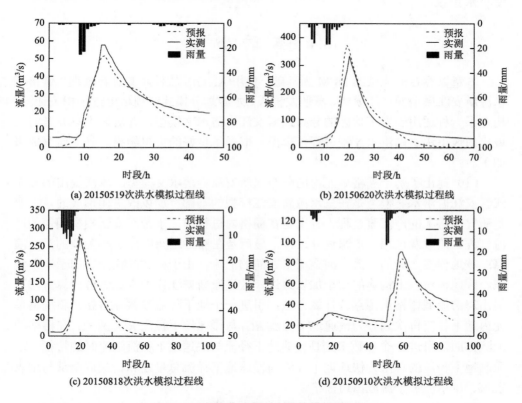

(a) 20150519次洪水模拟过程线　　　　　　(b) 20150620次洪水模拟过程线

(c) 20150818次洪水模拟过程线　　　　　　(d) 20150910次洪水模拟过程线

图 8-18　参数验证期洪水场次模拟过程线

根据《水文情报预报规范》对许可误差的规定，可以从表 8-13 中径流深误差看出参数验证期洪水径流深误差均在 20%以内，满足径流深预报许可误差，径流深预报许可误差合格率为 100%；其中，从洪峰流量误差可以看出 4 场洪水洪峰流量误差均在 20%以内，满足洪峰预报许可误差，洪峰预报许可误差合格率为 100%；从峰现时差可以看出 6 场洪水洪峰时差均在 3h 以内，满足洪峰出现时间预报许可误差，洪峰出现时间预报许可误差合格率为 100%。

综合以上可以得出参数验证期中 4 场洪水均属于预报合格场次，合格率为 100%，按照表 8-2 洪水预报项目精度评定表中的合格率来进行精度评判，属于甲级精度洪水预报。

根据《水文情报预报规范》对确定性系数的规定，可以从表 8-13 中确定性系数 DC 计算得出参数验证期洪水平均确定性系数为 0.818，按照表 8-2 洪水预报项目精度评定表中的确定性系数来进行精度评判，属于乙级精度洪水预报，4 场参数验证期洪水确定性系数 DC 均在 0.70 和 0.90 之间，均属于乙级精度洪水预报。

8.4　本章小结

本章以乔音河流域的 DEM 为基础，使用 ArcGIS 软件对其进行处理，借鉴三水源新安江模型的产流模式、蒸散发模式、水源划分模式在栅格上进行相关计算，构建了一种适用于岩溶地区的分布式新安江岩溶水文模型，并对凤山县乔音河流域出口凤山水文站洪水过程进行了模拟，取得了良好的模拟结果。具体研究成果如下。

（1）提出了基于栅格单元内的分布式新安江岩溶水文模型。本次提出的分布式新安江岩溶水文模型是在三水源新安江模型的基础上加以改进而形成的，主要是研究栅格上的产汇流过程。分别是在栅格内进行与三水源新安江模型相似的产流过程、蒸散发过程、水源划分过程，最后是在栅格之间进行 2 种类型的汇流演算：坡地栅格之间的汇流、河道栅格之间的汇流。由于构建的模型应用于岩溶流域，因此需对以上构建的模型加以改进。改进原新安江模型水源划分计算方法，提出岩溶流域栅格水源划分计算方法：引进一个地下径流参数 $KGSF$，将栅格单元内地下径流再次划分为快速地下径流 RG_1 与慢速地下径流 RG_2 两种；在栅格间汇流方面，引进 2 个参数来刻画慢速地下径流与快速地下径流汇流时的特征，汇流时地下径流的总量为快速地下径流与慢速地下径流总量之和，最后全部与地表径流、壤中流汇于流域出口栅格。

（2）利用 ArcGIS 分析处理流域地理高程数据。在地理数据云下载分辨率为 30m×30m、矩阵为 3601×3601 的 DEM 图层，经 ArcGIS 处理后生成分辨率为 100m×100m、矩阵为 373×313 的流域 DEM 图层，然后经过 DEM 预处理、流向计算、汇流累积量计算、插值计算、河网提取等一系列处理后得到所需的 DEM 图层数据，并对流向图层数据、汇流累积量图层数据、河网图层数据进行提取，得到 txt 文件作为程序原始输入文件。将流域 DEM 划分泰森多边形，得到每一个水文站控制区域及控制权重，由此计算每一个流域栅格内的雨量及蒸散发。通过在 ArcGIS 上提取出的流向矩阵及汇流累积矩阵，找到汇流累积量最大值并按照流向矩阵依次计算得出针对乔音河流域的最优汇流演算次序，在该演算次序中，汇流演算一共分了 236 层，依次从汇流次序为 1 的栅格演算至汇流演算次序为最大值的流域出口栅格。在对栅格进行汇流演算时不同计算时间步长影响流域汇流演算过程，因此需分析出栅格之间计算时间步长。本节通过对不同计算时间步长演算得到的汇流过程进行对比，最终选定计算时间步长为 20min。

（3）分析模型参数敏感性、异参同效性。对分布式新安区岩溶水文模型使用 GLUE 方法分析参数敏感性，将收集到的洪水资料按照洪峰流量任意选取两场洪水，分别对不同的洪水进行参数敏感性分析，分析得到分布式新安江岩溶水文模型中参数 CI 最为敏感；模型参数 KI、KG 对洪水 1、洪水 2 均较为敏感；其他参数对洪水均不敏感，属于不敏感参数。通过参数敏感性分析将模型参数分为敏感性参数、较敏感参数、不敏感参数，同时也对参数异参同效性进行了分析。

（4）将构建的分布式新安江岩溶水文模型在乔音河流域做了实例研究，并进行了模型参数优化和应用分析。通过 SCE-UA 优化算法对参数进行优化，得到不同的洪水的最优参数值。经过人工率定与参数优化相结合的方式得到适用于不同洪水的参数值。在应用时一共选择了 2011～2015 年的 10 场洪水进行场次模拟，其中 6 场洪水作为参数率定期洪水，4 场洪水作为参数验证期洪水。根据《水文情报预报规范》（GB/T 22482—2008）对洪水精度评定的规定，分别对模拟洪水场次的径流深、洪峰流量、峰现时差及确定性系数做了精度评定。参数率定期洪水按合格率进行精度评判属于乙级精度洪水预报，按确定性系数进行精度评判属于乙级精度洪水预报；参数验证期洪水按合格率进行精度评判属于甲级精度洪水预报，按确定性系数进行精度评判属于乙级精度洪水预报，总体上分析场次模拟效果达到乙级精度，可以达到在乔音河流域进行作业预报的精度水平。

参 考 文 献

[1]　陈喜, 张志才, 容丽, 等. 西南喀斯特地区水循环过程及其水文生态效应[M]. 北京: 科学出版社, 2014.

[2]　石朋, 侯爱冰, 马欣欣, 等. 西南喀斯特流域水循环研究进展[J]. 水利水电科技进展, 2012, 32（1）: 69-73.

[3]　Katz B G, De Han R S, Hirten J J, et al. Interactions between ground water and surface water in the Suwannee River basin, Florida[J]. Journal of the American Water Resources Association, 1997, 33（6）: 1237-1254.

[4]　Hartmann A, Goldscheider N, Wagener T, et al. Karst water resources in a changing world: Review of hydrological modeling approaches[J]. Reviews of Geophysics, 2014, 52（3）: 218-242.

[5]　Jeannin P Y, Artigue G, Butscher C, et al. Karst modelling challenge 1: Results of hydrological modelling[J]. Journal of Hydrology, 2021, 600: 126508.

[6]　蒙海花, 王腊春. 岩溶流域水文模型研究进展[J]. 地理科学进展, 2010, 29（11）: 1311-1318.

[7]　Fleury P, Plagnes V, Bakalowicz M. Modelling of the functioning of karst aquifers with a reservoir model: Application to Fontaine de Vaucluse（south of France）[J]. Journal of Hydrology, 2007, 345（1-2）: 38-49.

[8]　Hartmann A, Wagener T, Rimmer A, et al. Testing the realism of model structures to identify karst system

processes using water quality and quantity signatures[J]. Water Resources Research，2013，49（6）：3345-3358.

[9]　梁虹. 喀斯特流域地貌产流机制与产流特征[J]. 贵州师范大学学报（自然科学版），1995，13（2）：23-28.

[10]　陈立华，杨开鹏，黄都煜. 平治河岩溶流域退水规律分析与降雨径流模拟[J]. 中国岩溶，2018，2：238-244.

[11]　郝庆庆，陈喜. 新安江模型在乌江独木河流域的应用与改进[J]. 河海大学学报（自然科学版），2012，40（1）：109-112.

[12]　宋万祯，雷晓辉，许波刘，等. 岩溶地区水文模拟研究[J]. 中国农村水利水电，2015，（7）：54-57.

[13]　许波刘，董增川，洪娴. 集总式喀斯特水文模型构建及其应用[J]. 水资源保护，2017，33（2）：37-42.

[14]　Yao C，Li Z J，Yu Z B，et al. A priori parameter estimates for a distributed，grid-based Xinanjiang model using geographically based information[J]. Journal of Hydrology，2012，468：47-62.

[15]　赵人俊. 流域水文模拟：新安江模型与陕北模型[M]. 北京：水利电力出版社，1984.

[16]　黄国如，胡和平，尹大凯. 马斯京根-康吉洪水演算方法的稳定性分析[J]. 水科学进展，2001，12（2）：206-209.

[17]　Beven K，Binley A. The future of distributed models：Model calibration and uncertainty prediction[J]. Hydrological Processes，1992，6（3）：279-298.

[18]　水利部. 水文情报预报规范：GB/T22482—2008[S]. 北京：中国标准出版社，2008.

[19]　Duan Q Y，Gupta V K，Sorooshian S. Shuffled complex evolution approach for effective and efficient global minimization[J]. Journal of Optimization Theory and Applications，1993，76：501-521.

[20]　熊立华. 分布式水文模型中栅格汇流演算顺序的确定[C]//中国水利学会第三届青年科技论坛论文集，2007，305-309.

第9章 考虑下垫面条件的分布式新安江岩溶水文模型模拟及分析

9.1 引 言

对于大尺度岩溶流域而言，地形、地质等下垫面条件的空间异质性较大[1, 2]，描述流域特征的模型输入数据对降雨径流过程的准确性至关重要。土地利用与岩溶地貌发育程度属于重要的岩溶流域下垫面条件，二者对岩溶流域水文过程有着重要影响[3-5]。土地利用可使土壤理化性质产生一系列的变化，从而影响到岩溶作用的方向和强度，不同土地利用类型土下溶蚀量存在显著差异[6]。人类活动会改变土地利用类型，进而对岩溶作用强度有较大的影响。对于岩溶区的可持续水资源管理而言，研究土地利用变化对岩溶流域水文过程的影响十分重要。Bittner 等[7]将岩溶流域内由类似的土地利用类型和土壤类型组成具有同质水文特性的水文地形作为独立的非线性单元，构建了半分布式水文模型 LuKARS，并分析了土地利用变化对 Waidhofen 岩溶含水系统的影响，但此研究仅针对面积较小的岩溶含水层泉流量过程，目前在大尺度岩溶流域分布式降雨径流模型中考虑土地利用类型的研究还较为有限。岩溶流域是由可溶岩组成的非均匀含水介质，具有不均一的双重含水介质结构与二元流场形态。岩溶流域含水介质主要可分为三类：岩溶发育程度最为强的石灰岩含水介质，主要以管道与地下河为主；岩溶发育程度相对较弱的白云岩含水介质，主要以网状裂隙组成的岩溶基质；由岩性不一的可溶岩发育的管道-基质共同含水介质。不同岩溶发育程度含水介质的空间结构控制着"五水（雨水、地表水、土壤水、表层岩溶水和地下水）"转换过程，使得产汇流机制更为复杂[8, 9]。基于计算单元内土壤与裂隙双重介质体渗流原理，Zhang 等[10]在达西渗流运动基础上引入立方定律描述裂隙水流运动过程，在原模型汇流模块基础上提出了适用于表层岩溶带及地下河的汇流计算方法，并考虑了表层岩溶带-地表河道、落水洞-地下河道等地表水及地下水转化关系，实现了对分布式水文-土壤-植被模型（DHSVM）[11]的改进，改进后的模型能够较好地模拟小型试验岩溶流域（1.5km^2）地下河出口径流的涨落过程。Doummar 等[12]在分布式 SHE 模型[13]中新增了非饱和模块与饱和模块，将非饱和流模块划分为土壤/表层岩溶带层及非饱和岩石基质层，表层岩溶带的描述仍为集总式，将水力传导度较高的饱和模块视为连续的等效介质，采用达西定律模拟流速较快的管道流，在 45km^2 岩溶流域中能够刻画出水文循环过程。Li 等[14]根据中国西南岩溶流域双重水流系统的特性，参照耦合离散管道的层流模型 MODFLOW-CFPm1 改进了分布式流溪河模型中的地下水模块，将原地下水模块划分为多层以表征由基岩、中小裂隙及岩溶管道等介质构成水动力场复杂的岩溶含水系统，并提出了基质及管道水力传导度的计算方法。以上基于中小尺度试验区构建的基于物理过程的全分布式岩溶水文模型能够考虑岩溶含水系统内部的复杂的地下水运动过程，但需要对实际岩溶区域水文过程有十分深入的理解，对岩溶地貌、地质、土壤等基本要素资料的要求也比较严格，以及水文地质参数（给水度、渗透系数、导水系数等）还难以获取，参数获取的难度和花费巨大，且代表性有限。

本章在分布式新安江岩溶水文模型的基础上，考虑下垫面条件空间异质性，针对不同土地利用类型及岩溶地貌发育程度提出改进的蒸散发、产流及水源划分计算方法，并以广西壮族自治区刁江上游流域与郁江流域为实例，对模型进行了验证。

9.2　考虑下垫面条件的分布式新安江
岩溶水文模型

9.2.1　模型概述

改进的分布式新安江岩溶水文模型是基于 DEM 栅格的松散耦合分布式新安江岩溶水文模型，主要模型结构改进自概念性分布式新安江岩溶水文模型[15]，采用 D8 算法判别栅格流向，确定栅格汇流演算次序，提取水系栅格，从而将流域范围内的栅格分为坡地栅格及河道栅格。为识别流域下垫面空间异质性，坡地栅格被赋予了多重属性。根据土地利用类型，坡地栅格被进一步划分为水体、耕地、林地、草地及人造地表 5 种土地利用类型；根据岩溶地貌类型，坡地栅格被进一步划分为弱发育（非）岩溶栅格，中发育岩溶栅格及强发育岩溶栅格。改进的分布式新安江岩溶水文模型由 5 个模块组成，分别为蒸散发、产流、水源划分、坡地汇流与河道汇流模块，蒸散发、产流、水源划分、坡地汇流模块的计算方法及参数与坡地栅格属性相关联，模型考虑了栅格间的水量交换，根据栅格间汇流演算次序，以坡地栅格入流作为河道栅格旁侧栅格，逐栅格演算至流域出口，模型栅格属性及主要计算过程见图 9-1。

9.2.2　考虑下垫面条件的改进

考虑土地利用类型及岩溶发育程度空间异质性的分布式新安江岩溶水文模型对前文的分布式新安江岩溶水文模型蒸散发、产流、水源划分与坡地汇流模块模型结构进行了针对性改进。

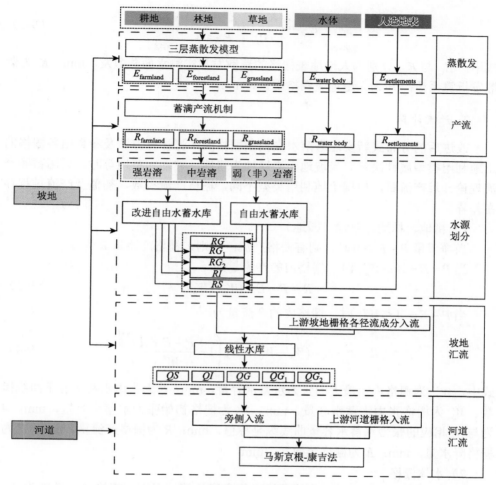

图 9-1　分布式新安江岩溶水文模型栅格属性及主要计算过程

1. 蒸散发计算

改进后的分布式新安江岩溶水文模型栅格的蒸散发计算方法及参数由各坡地栅格的土地利用类型属性决定。耕地、林地、草地（园地）栅格按前文分布式新安江岩溶水文模型采用的三层蒸散发计算模式计算蒸散发。

水域栅格直接采用水面蒸发公式计算栅格蒸散发为

$$E_{w,t} = E_{p,t} \tag{9-1}$$

式中，$E_{w,t}$ 与 $E_{p,t}$ 分别为人造地表栅格的蒸散发与实测水面蒸散发，mm。

人造地表栅格仅在有地表径流存在时产生蒸散发，其他时段均不产生蒸散发：

$$E_{s,t} = \begin{cases} K \times E_{p,t}, & P_s > 0 \\ 0, & P_s \geqslant 0 \end{cases} \tag{9-2}$$

式中，$E_{s,t}$ 与 $E_{p,t}$ 分别为人造地表栅格的蒸散发与实测水面蒸散发，mm；K 为蒸散发折算系数；P_s 为人造地表栅格雨量，mm。

2. 产流计算

改进后的分布式新安江岩溶水文模型栅格的产流计算方法及参数由各栅格的土地利用类型属性决定。当坡地栅格属性为耕地、林地、草地等时，采用蓄满产流理论计算产流量，根据土地利用类型不同，栅格产流参数、初值及产流过程存在差异。

1）耕地、林地、草地（园地）

当净雨量 $P - E > 0$ 时，则有栅格产流；否则，栅格产流量 R 为 0。

当 $P - E + A \geqslant W'_{mm}$ 时，栅格内的产流量为

$$R = P - E - (W_m - W_0) \tag{9-3}$$

当 $P - E + A < W'_{mm}$ 时，栅格内的产流量为

$$R = P - E - (W_m - W_0) + W_m \left(1 - \frac{P - E + A}{W'_{mm}} \right)^{B+1} \tag{9-4}$$

式中，W'_{mm} 为栅格内点最大的张力水蓄水容量，mm；B 为张力水蓄水容量曲线指数，W_m 为栅格张力水蓄水容量，mm。W_0 为栅格初始张力水蓄水容量，mm；A 为与 W_0 相应的张力水蓄水容量曲线纵坐标值，mm；R 为栅格产流量，mm；P 为栅格降水量，mm；E 为栅格蒸散发，mm。

2）水体栅格

当净雨量 $P - E > 0$ 时，水体栅格进行产流计算；否则，栅格产流量 R 为 0。

$$R = P - E \tag{9-5}$$

3）人造地表栅格

当净雨量 $P - E > 0$ 时，人造地表栅格进行产流计算；否则，栅格产流量 R 为 0。

$$R = \psi \times P \tag{9-6}$$

式中，ψ 为流域径流系数；其他符号同前文。

3. 水源划分计算

改进后的分布式新安江岩溶水文模型栅格的水源划分计算方法及参数由各栅格的岩溶地貌类型属性决定，采用新安江水文模型中的自由水蓄水库及 8.2 节的改进的自由水蓄水库进行水源划分计算，具体模型结构见 8.2 节。岩溶含水层

4 个基本结构特性：不均一的双重含水介质结构、二元流场形态结构、三维空间地域结构与功能上的耗散结构[16]。岩溶含水层的水循环过程主要分为 2 类：一类为快速管道流，主要发生在岩溶洞穴和管道，流速较快；另一类称为慢速基质流，主要发生在溶隙与裂隙中，在饱和区遵循达西定律。岩溶含水系统中多种介质体共同构成了一个多重的复合体系，具有高度的非均质性，使得岩溶流域地下水系统中的水流运动常呈现出达西渗流与非达西渗流并存的现象[1, 2]。为使模型适用于岩溶区径流模拟，根据岩溶含水系统双重含水介质结构，改进概念性分布式新安江岩溶水文模型中水源划分与坡地汇流计算模块。对于非岩溶与弱发育岩溶栅格地下径流 RG 不再进行划分。对于中、强发育岩溶栅格，采用改进的自由水蓄水库将总径流划分为地表径流 RS、壤中流 RI、管道流（RG_1）与基质流（RG_2）4 种径流成分，其中分别采用不同的地下水划分系数（groundwater portioning coefficient，GWPC）将中、强发育岩溶栅格的总地下径流（R_1、R_2）进一步划分为

$$R_1 = RG \times \mathrm{GWPC}_i \tag{9-7}$$

$$R_2 = RG \times (1 - \mathrm{GWPC}_i) \tag{9-8}$$

式中，RG 为产流计算得到的总径流量；当 $i=1$ 时，GWPC_1 为中发育岩溶栅格地下水划分系数，当 $i=2$ 时，GWPC_2 为强发育岩溶栅格地下水划分系数，二者可由实测径流退水数据结合优化算法确定。

4. 坡地汇流计算

改进后的分布式新安江岩溶水文模型栅格的坡地汇流计算方法及参数由各栅格的岩溶地貌类型属性决定。对于中、强发育岩溶栅格，采用快速、慢速地下径流蓄水库[17, 18]分别描述地下径流中的管道流及基质流的坡地汇流计算，针对岩溶水文特性改进后的坡地汇流计算如图 9-2 所示。

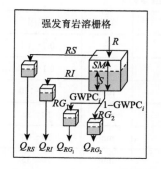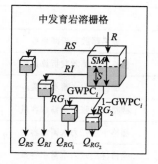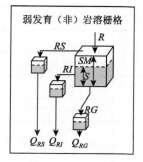

图 9-2　改进的自由水蓄水库及坡地汇流线性水库

中、强发育岩溶栅格坡地汇流计算过程同 8.2.2 节，非岩溶及弱发育岩溶栅格坡地汇流计算公式为

$$T_{RS_j}(t) = T_{RS_j}(t-1) \times CS + RS_j(t) \times (1-CS) \qquad (9\text{-}9)$$

$$T_{RI_j}(t) = T_{RI_j}(t-1) \times CI + RI_j(t) \times (1-CI) \qquad (9\text{-}10)$$

$$T_{RG_j}(t) = T_{RG_j}(t-1) \times CG + RG_j(t) \times (1-CG) \qquad (9\text{-}11)$$

$$TT_{RS_i}(t) = \sum_{j=1}^{\text{upi}} T_{RS_j}(t) + T_{RS_i}(t) \qquad (9\text{-}12)$$

$$TT_{RI_i}(t) = \sum_{j=1}^{\text{upi}} T_{RI_j}(t) + T_{RI_i}(t) \qquad (9\text{-}13)$$

$$Q_i(t) = [TT_{RS_i}(t) + TT_{RI_i}(t) + TT_{RG_i}(t)] \times U \qquad (9\text{-}14)$$

其中，T_{RS_j} 为第 j 个栅格自身产生的地表径流，mm；T_{RI_j} 为第 j 个栅格自身产生的壤中流，mm；T_{RG_j} 为第 j 个栅格自身产生的地下径流，mm；CS 为地表径流的出流系数；CI 为壤中流的出流系数；CG 为地下径流的出流系数；upi 为栅格上游的栅格单元数；TT_{RS_i}、TT_{RI_i}、TT_{RG_i} 分别为第 i 个栅格上游及第 i 个栅格本身所产生的地表径流、壤中流、地下径流的线性串联叠加，mm；A 为栅格面积，km^2；U 为单位转换系数，$U = A / (3.6\Delta t)$，Δt 为计算时段，h；Q_i 为第 i 个栅格内坡地总入流，m^3/s。

5. 改进后的分布式新安江岩溶水文模型参数

改进后的分布式新安江岩溶水文模型参数可分为蒸散发、产流、水源划分、坡地汇流及河道汇流共 5 个模块，参数及其单位、取值范围如表 9-1 所示。

表 9-1 改进分布式新安江岩溶水文模型参数表

序号	参数	名称	单位	范围
1	K	栅格蒸散发折减系数	—	0.7~1.1
2	C	栅格深层蒸散发折算系数	—	0.1~0.2
3	WM	栅格张力水蓄水容量	mm	80~150
4	WUM	栅格上层张力水蓄水容量	mm	10~35
5	WLM	栅格下层张力水蓄水容量	mm	50~80
6	WDM	栅格深层张力水蓄水容量	mm	20~35
7	B	栅格张力水蓄水容量曲线指数	—	0.1~0.5

续表

序号	参数	名称	单位	范围
8	SM	栅格表层自由水蓄水容量	mm	10～50
9	EX	栅格表层自由水蓄水容量曲线指数	—	1～1.5
10	KI	栅格表层自由水蓄水库对壤中流的出流系数	—	0.1～0.4
11	KG	栅格表层自由水蓄水库对地下径流的出流系数	—	0.1～0.4
12	CS	栅格地表水消退系数	—	0.4～1
13	CI	栅格壤中流消退系数	—	0.4～1
14	$GWPC_1$	中发育岩溶栅格地下水划分系数	—	0.15～0.28
15	$GWPC_2$	强发育岩溶栅格地下水划分系数	—	0.29～0.4
16	CG_1	栅格快速地下径流消退系数	—	0.99～0.995
17	CG_2	栅格慢速地下径流消退系数	—	0.995～0.998
18	CG	栅格地下径流消退系数	—	0.99～0.998
19	K_{mc}	马斯京根-康吉法传播时间系数	h	0.1～0.5
20	X_{mc}	马斯京根-康吉法权重系数	—	0.1～0.5

9.3　刁江上游流域径流过程模拟

9.3.1　研究区概况及水文地质特征

刁江,红水河中游左岸一级支流,发源于广西壮族自治区南丹县城关镇川马村,于都安县百旺乡板依村汇入红水河,属于典型的石山区河流。自西北向东南流向,经南丹县、河池市、都安县等三个市(县),10个乡镇。地理位置东经107º30′～108º25′,北纬24º02′～24º59′。河口水文站为刁江上游流域干流中上游的水文站,河口水文站以上刁江上游流域地形地貌、气候条件、水文气象及站网资料介绍详见7.3节。

河口水文站以上刁江上游流域地处广西西北部,位于江南古陆西南缘、右江再生地槽北部边缘,属于背斜轴部地层的隆起区。刁江上游流域以深色-黑色的碳酸盐岩夹碎屑岩为主,主要分布在车河、大厂、九圩、保平、下坳、五圩及龙头、拉利、北牙、北山等地。河口水文站以上刁江上游流域分布碳酸盐岩夹碎屑岩,受地貌与构造控制,岩溶水呈不均一的岩溶裂隙水,并分布有岩溶大泉或伏流段。为了进一步识别岩溶地貌发育程度的空间异质性，根据刁江水文地质图，将碳酸盐岩区视为强发育岩溶地貌，碳酸盐岩夹碎屑岩区视为中发育岩溶地貌，其余为弱发育岩溶地貌。刁江上游流域地形、水系、泰森多边形划分及岩溶地貌分布如图 9-3 所示。

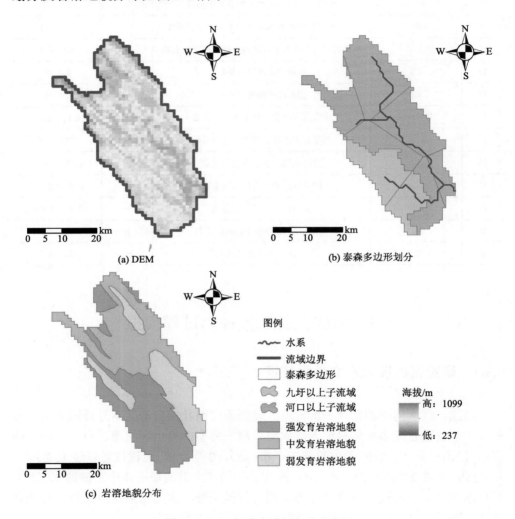

(a) DEM

(b) 泰森多边形划分

图例

〜〜　水系
——　流域边界
☐　泰森多边形
☒　九圩以上子流域
☒　河口以上子流域
▨　强发育岩溶地貌
▨　中发育岩溶地貌
▨　弱发育岩溶地貌

海拔/m
高：1099
低：237

(c) 岩溶地貌分布

图 9-3　刁江上游流域研究区示意图

9.3.2　数据收集及资料处理

刁江上游流域的分布式新安江岩溶水文模型输入包括水文资料及下垫面

资料。水文资料包括广西壮族自治区水文中心提供的实测降雨、蒸发及径流量资料，采用纳哈、车河、枫木、三旺、九圩及河口 6 个雨量站 2014～2020 年的逐小时实时雨量资料，河口水文站 2017～2020 年逐日整编水面蒸发资料，九圩及河口水文站 2017～2020 年逐小时实时径流量资料。采用的下垫面资料包括 DEM、土地利用类型和岩溶地貌发育程度信息，这些资料均可在开源数据库下载，具体如表 9-2 所示。

表 9-2　刁江上游流域水文、下垫面资料来源及具体信息

数据	时空分辨率	时间	单位	来源
降水量	逐小时	2014～2020 年	m³/s	广西壮族自治区水文中心
径流量*	逐小时	2017～2020 年	m³/s	
水面蒸发	逐日	2017～2020 年	mm	
DEM	1km×1km	—	—	地理空间数据云（https://www.gscloud.cn）
土地利用类型	0.5km×0.5km	—	—	LULC-2015 European Space Agency CCI-LC（https://forobs.jrc.ec.europa.eu/products/glc2000/products.php）
水文地质	—	—	—	全国地质资料馆（https://www.ngac.cn/125cms/c/qggnew/index.htm.）

*因九圩水文站 2017 年建站，径流量资料序列为 2017～2020 年。

9.3.3　实例应用

以刁江上游流域出口河口水文站的逐小时径流过程为模拟对象，设置 2014 年为模型参数率定期，以 2015～2020 年为参数验证期。在保证模拟精度的前提下，为了提高模型计算效率，将栅格空间分辨率设置为 1km×1km。

1. 模型不确定性分析结果

采用 GLUE 方法分析刁江上游流域的分布式新安江岩溶水文模型的参数敏感性及模拟结果不确定性，以确定性系数为似然目标函数，计算率定期逐小时径流过程模拟结果累积似然分布的 2.5% 和 97.5%分位点（95%预测不确定性，简称 95PPU）[19]。选择分布式新安江岩溶水文模型中 16 个重要参数参与不确定性分析，其余的不敏感参数（B、C、EX、WDM）则采用固定的经验值。将确定性系数阈值设定为 0.6，高于阈值的参数组合为有效参数组，低于阈值的参数组为无效参数组，采用蒙特卡罗方法在 8.3.3 节中的模型参数范围内随机抽样，抽取 6000 组样本，有效参数组与似然目标函数的散点图见图 9-4。

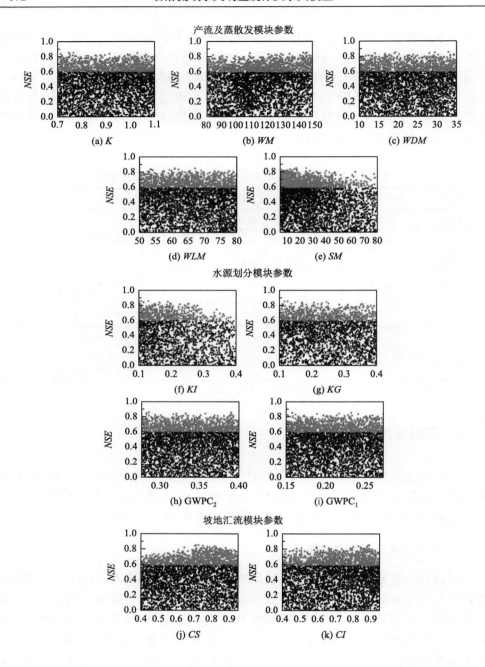

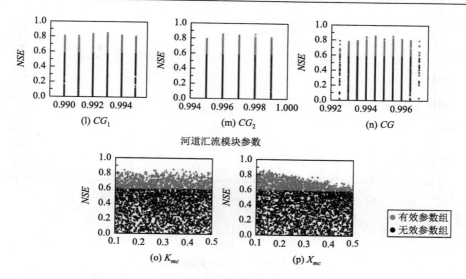

图 9-4　GLUE 方法生成的参数组和对应的逐小时径流过程模拟结果确定性系数的散点图

NSE 为 Nash-Sutcliffe 效率系数

图 9-4 表明产流模块的坡地栅格自由水水库蓄水容量 *SM*、水源划分模块中的坡地栅格壤中流出流系数 *KI*、坡地汇流模块中的坡地栅格地表径流消退系数 *CS* 与河道汇流模块中的河道栅格流量权重系数 X_{mc} 与似然目标函数确定性系数的散点图有明显的峰值，这些参数对于模型模拟结果有较为显著的影响，属于敏感参数，其余参数组合的后验分布与均匀分布相近，相对敏感性小，属于不敏感参数。

为了量化模拟结果的不确定性，引入因子 *P*（模拟结果不确定性的 95%，即 95PPU 所包含实测值）与因子 *R*（95PPU 上下限的平均距离与实测值的标准偏差的比值），将率定期模拟结果累积似然分布的 2.5%和 97.5%分位点对应的参数组输入分布式新安江岩溶水文模型，得到验证期的 95PPU，如图 9-5 所示。

图 9-5 显示验证期模拟结果因子 *P* 的 95PPU 为 0.75，即 75%的逐小时流量实测值包含于 95PPU 内，但因子 *R* 为 1.33，这表明模拟结果仍有一定的不确定性。从流量过程线及流量历时曲线中均可看出，高流量区模拟的 95PPU 流量上下限能够较好地包含实测流量过程，但低流量区的模拟流量上下限却并不能完全包含实测流量过程，这在流量历时曲线中较为显著，这可能是由多种因素共同作用所致，具体的原因可能包括：分布式新安江岩溶水文模型本身的影响，该模型对表层岩溶带调蓄过程的表征并不完善，表层岩溶带对流量较小的枯水期流域产汇流过程具有较大影响；参数先验分布的影响，仅简单地采用均匀分布来生成模型参数也会造成模拟结果的不确定性；也有研究表明模拟结果因子 *R* 偏大的原因在于 GLUE 方法本身存在的局限性[20, 21]。

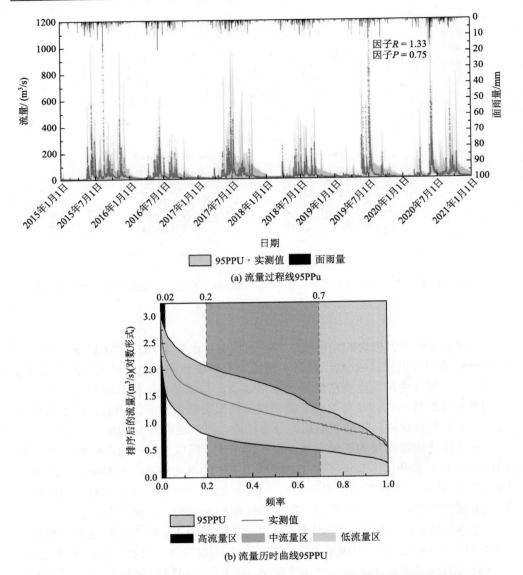

(a) 流量过程线95PPu

(b) 流量历时曲线95PPU

图 9-5　刁江上游流域河口水文站验证期径流过程模拟结果不确定性分析结果

2. 逐小时径流过程模拟结果

分别采用分布式新安江水文模型与新安江水文模型模拟河口水文站逐小时径流过程,以确定性系数为目标函数基于 SCE-UA 优化算法利用河口水文站 2014 年逐小时降雨径流资料对两种模型参数进行了优选确定,利用 2015～2020 年资料验证模型参数合理性。分布式新安江岩溶水文模型的基本计算单元为栅格,且考虑了栅格间的水量交换,因此该模型能够计算流域范围内任意一个栅格的径流过程。为了进一步验证分布式新安江岩溶水文模型的径流模拟精度及参数空间分布合理性,同时输出九圩水文站对应的内部嵌套断面和河口水文站对应的流域出口断面径流过程,与实测值进行对比,两种模型的径流过程模拟结果见图9-6。

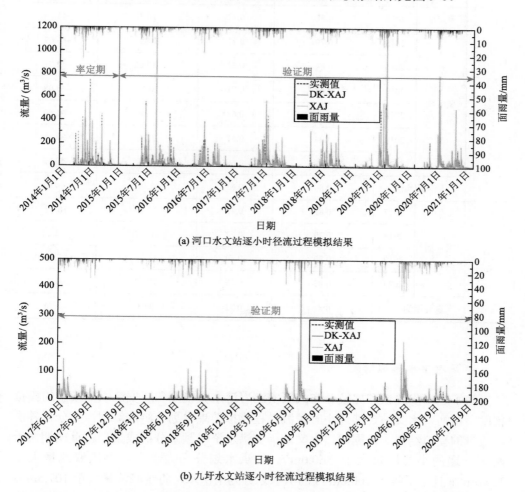

(a) 河口水文站逐小时径流过程模拟结果

(b) 九圩水文站逐小时径流过程模拟结果

图9-6　分布式新安江岩溶水文模型（DK-XAJ）与新安江水文模型（XAJ）模拟结果

总体而言,分布式新安江岩溶水文模型的径流过程模拟精度显著高于新安江水文模型。相比于新安江水文模型,分布式新安江岩溶水文模型在流域出口断面——河口水文站验证期的平均确定性系数、径流深误差分别由0.63、–44.02%提升至0.84、0.28%,在内部嵌套断面——九圩水文站验证期的平均确定性系数、径流深误差分别由0.71、–1.76%提升至0.81、9.63%,两种模型模拟结果详见表9-3。

表 9-3　分布式新安江岩溶水文模型及新安江水文模型刁江上游流域径流过程模拟结果

站点	时期	年份	确定性系数		径流深误差/%	
			分布式新安江岩溶水文模型	新安江水文模型	分布式新安江岩溶水文模型	新安江水文模型
河口水文站	率定期	2014	0.82	0.72	−18.83	−41.34
	验证期	2015	0.79	0.71	0.09	−46.69
		2016	0.84	0.57	−17.62	−52.71
		2017	0.84	0.71	10.17	−43.08
		2018	0.72	0.62	−2.46	−41.40
		2019	0.94	0.51	5.14	−39.88
		2020	0.89	0.66	6.37	−40.35
	验证期均值		0.84	0.63	0.28	−44.02
九圩水文站	验证期	2017	0.83	0.82	32.49	18.12
		2018	0.79	0.72	−18.20	−13.24
		2019	0.80	0.50	11.46	−7.33
		2020	0.83	0.78	12.77	−4.57
	验证期均值		0.81	0.71	9.63	−1.76

3. 场次洪水模拟结果

为了进一步验证和比较分布式新安江岩溶水文模型和新安江水文模型的模拟精度，由河口水文站连续逐小时径流过程模拟结果中划分洪水场次，并分析各洪峰流量的模拟结果。根据河口水文站历史洪水资料频率分析成果，将重现期大于两年一遇的洪峰流量大于 560.0m³/s 的洪水划分为大洪水，将洪峰流量大于 322.5m³/s 且小于等于 560.0m³/s 的洪水划分为中洪水，将洪峰流量大于 107.5m³/s 且小于等于 322.5m³/s 的洪水划分为小洪水。两种模型各量级洪水模拟结果的洪峰流量误差与峰现时差如图 9-7 所示。

模拟结果表明，新安江水文模型的洪峰流量模拟值明显偏小，峰现时间模拟值明显滞后。分布式新安江岩溶水文模型显著改善了各量级洪水的洪峰流量模拟精度，相比于新安江水文模型，大、中、小洪水的平均洪峰流量误差分别减少了36.3%、22.8%、13.7%，平均峰现时差分别减少了 0.8h、3.5h、3h。

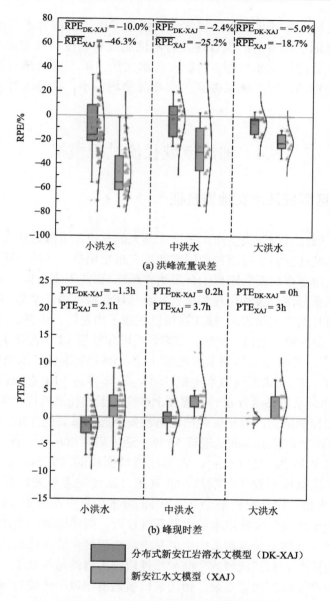

图 9-7　河口水文站验证期各量级洪水模拟结果对比

河口水文站以上 75% 的集水区属于岩溶地貌，地下径流能够通过表层岩溶带直接进入地下，强发育岩溶区存在大量落水洞、地下河等快速岩溶过水介质，地下径流汇流速度相对较快[22]。当前期流域较为湿润时，快速过水介质能够将地下岩溶含水系统中的水快速排放至流域出口断面[10,23]，洪水过程线则呈现出暴涨暴落的特征。分布式新安江岩溶水文模型考虑了岩溶含水系统双重含水介质结构中快速地下径流的汇流过程及岩溶地貌发育程度与其空间分布，能够较好地模拟暴涨暴落的洪水过程，而新安江水文模型缺乏对快速岩溶过水介质补给洪水过程的描述，因此模拟得到的洪峰流量均偏小，且峰现时间也存在滞后现象。

9.4 郁江流域径流过程模拟

9.4.1 研究区概况及水文地质特征

郁江属于西江右岸一级支流，是西江最大的支流，主源右江发源于云南省广南县那伦乡，左江发源于越南与中国广西崇左市宁明县交界的枯隆山，两江至广西壮族自治区南宁市江西镇宋村汇合后始称郁江。郁江干流全长 1179km，根据《珠江流域西江水系郁江综合利用规划报告》及《珠江流域西江水系郁江干流老口-西津河段梯级补充规划报告》，郁江流域已建成了由左江、山秀、驮娘江、百色、那吉、鱼梁、金鸡滩、老口、邕宁、西津、贵港和桂平 12 个梯级水利（航运）枢纽、水电站[24]，其中完全年调节水电站 1 个、不完全季调节水电站 1 个、日调节水电站 9 个、径流式无调节水电站 1 个，总库容达 91.0 亿 m^3，可调节库容 34.5 亿 m^3，梯级水电站运行在一定程度上改变了天然径流过程。老口航运枢纽是郁江流域主要控制断面，对于保障郁江防洪安全起着重要的作用，与百色水库联合调度，可将南宁市防洪标准从现状 50 年一遇提高到 200 年一遇。老口航运枢纽以上流域集水面积为 72 368km²，占郁江流域面积的 79.7%，流域高程–6m～2007m。郁江流域属于亚热带季风湿润气候，洪涝灾害多发，多年平均降水量 1310mm，降水量年内分配极不均匀，70%的降水量集中在汛期（5～9 月），台风与热带低压是郁江发生灾害洪水的主要天气过程。郁江流域内岩溶地貌较发育，其中左江流域主要属于桂西南低中山地 V 岩溶地貌区，右江流域主要属于西江谷地 VI 岩溶地貌区[25]，郁江流域内空间异质性较强的岩溶地貌及土地利用类型等下垫面条件使得产汇流规律更复杂。郁江老口航运枢纽以上流域岩溶区与洪水预报方案控制断面分布如图 9-8 所示。

9.4.2 数据收集及资料处理

本研究采用的数据包括数字高程模型、土地利用类型、土壤、水文地质等基础地理信息和降雨、蒸发、流量、水库运行等水文数据，数据来源如表 9-4 所示。

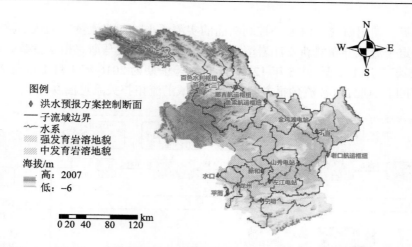

图 9-8　郁江老口航运枢纽以上流域岩溶区与洪水预报方案控制断面分布图

表 9-4　郁江流域研究数据信息表

数据	说明	来源
降雨	308 个雨量站 2015～2020 年逐小时 降雨实时监测数据	广西壮族自治区水文中心
蒸发	5 个水文站 2015～2020 年逐日 水面蒸发监测数据	
流量	7 个水文站 2015～2020 年逐小时 流量实时监测数据	
水库运行	6 个枢纽（水电站）2015～2020 年逐小时 反推入库、实测出库流量数据	那吉航运枢纽、鱼梁航运枢纽、金鸡滩水电站、 山秀水电站、左江水电站、老口航运枢纽
DEM	SRTM 数字高程数据集，原始空间分辨率 90m×90m	地理空间数据云 （https://www.gscloud.cn）
土地利用 类型	2020 年土地利用数据，原始空间分辨率 30m×30m	自然资源部 （https://www.mnr.gov.cn）
水文地质	广西壮族自治区、云南省水文地质图	全国地质资料馆网 （https://www.ngac.cn/125cms/c/qggnew/index. htm.）

9.4.3　流域预报方案编制

　　基于分布式新安江岩溶水文模型及马斯京根河道演算法（MSK）为郁江流域研究主要控制断面构建入流及出流过程模拟方案，采用右江上游百色水文站，左江上游平而、水口、宁明、新和水文站作为预报方案的上边界流量输入，其中，平而及水口两座水文站以上流域超过 **90%** 的集水面积位于越南境内。采用分布式新安江岩溶水文模型进行子流域产汇流计算，再根据汇流拓扑关系依次进行河网汇流演算。使用研究区内 8 个控制断面的实测逐小时入流流量序列从上游至下游依次率定子流域分布式新安江岩溶水文模型参数及河段马斯京根法参数。率定期为 2015 年 7 月 1 日至 2015 年 12 月 31 日，验证期为 2016 年 1 月 1 日至 2020 年 12 月 31 日。研究区径流预报方案内各子流域汇流拓扑关系见图 9-9。

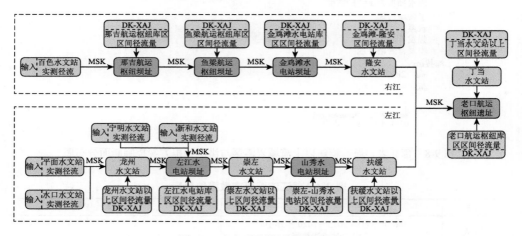

图 9-9　郁江流域径流预报方案

同时选用水文模型中常用的 Nash-Sutcliffe 效率系数（*NSE*）评价连续小时径流模拟过程与实测过程拟合的吻合情况，采用相对径流总量误差（*RRE*）评价连续小时径流模拟过程与实测过程总水量误差。*NSE* 的取值范围为 0～1，越接近 1，表明模拟效果越好；*RRE* 取值范围为–100～100，越接近 0，表明模拟效果越好。具体计算公式为

$$NSE = 1 - \frac{\sum_{i=1}^{n}(Q_{o,i} - Q_{s,i})^2}{\sum_{i=1}^{n}(Q_{o,i} - Q_o)^2} \qquad (9\text{-}15)$$

$$RRE = \frac{\sum_{i=1}^{n}(Q_{s,i} - Q_{o,i})}{\sum_{i=1}^{n}Q_{o,i}} \times 100 \qquad (9\text{-}16)$$

式中，n 为径流序列长度；$Q_{o,i}$、$Q_{s,i}$ 分别为第 i 小时实测流量、模拟流量；Q_o 为实测流量的均值；r 为模拟值与实测值的线性相关系数。

9.4.4　实例应用

为节约计算资源，本节研究将分布式新安江岩溶水文模型的栅格空间分辨率

设置为 2km×2km,需将原始空间数据进行重采样;将时间步长设为 1h,郁江流域研究区模型输入数据及空间分布如图 9-10 所示。

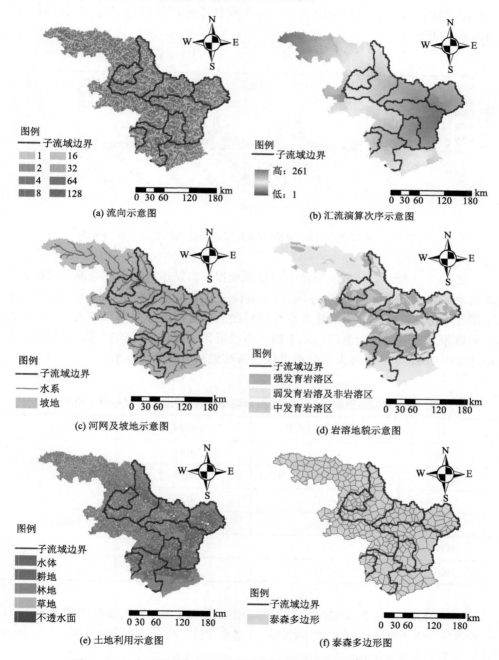

(a) 流向示意图

(b) 汇流演算次序示意图

(c) 河网及坡地示意图

(d) 岩溶地貌示意图

(e) 土地利用示意图

(f) 泰森多边形图

图 9-10 分布式新安江岩溶水文模型输入数据郁江流域空间分布图

基于 2015～2020 年实测降雨径流资料,以 2015 年 7 月 1 日至 2015 年 12 月 31 日作为参数率定期,得到模型参数,采用率定期参数计算得到的验证期(2016～2020 年)老口航运枢纽逐小时入库径流过程模拟结果与实测过程对比如图 9-11 所示。

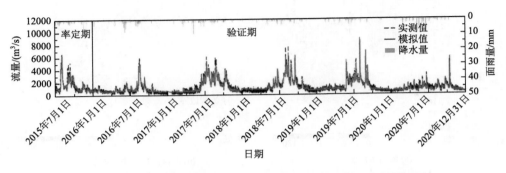

图 9-11 老口航运枢纽 2015～2020 年逐小时入库径流过程模拟图

如图 9-11 所示,预报模型能够较好地模拟老口航运枢纽入库径流的洪峰流量及低水部分,率定期的确定性系数与相对径流总量误差分别为 0.84 与 −3.37%,验证期各年份总体平均的确定性系数与相对径流总量误差分别为 0.85 与 −1.83%,这表明该预报方案能够为老口航运枢纽入库径流预测提供一定的参考,老口航运枢纽 2015～2020 年逐小时入库径流过程模拟结果精度详见表 9-5。

表 9-5 老口航运枢纽 2015～2020 年逐小时入库径流过程模拟结果精度

年份	相对径流总量误差	确定性系数	备注
2015	−3.37%	0.84	率定期
2016	9.65%	0.84	
2017	−6.31%	0.88	
2018	0.87%	0.90	验证期
2019	−2.62%	0.89	
2020	−10.72%	0.73	

本节研究从 2015～2020 年老口航运枢纽逐小时入库径流模拟中摘录出 12 场洪峰流量大于 4000m³/s 的洪水进行场次合格率评价,部分场次结果见图 9-12,场次模拟结果如表 9-6 所示。

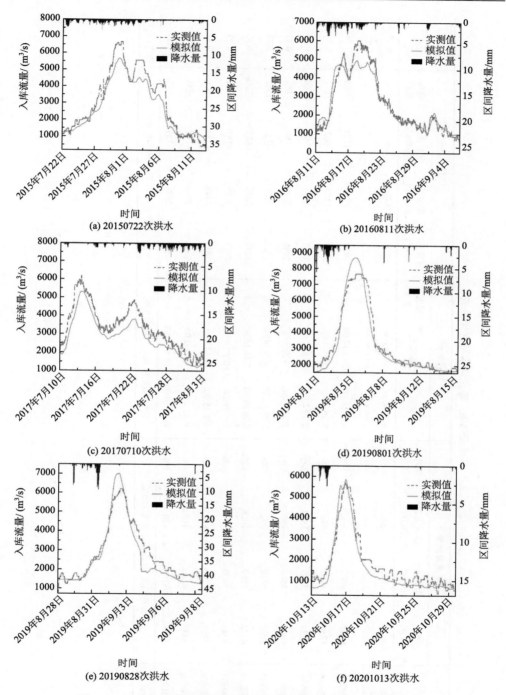

图 9-12　老口航运枢纽 2015～2020 年部分入库洪水场次模拟结果

表 9-6　场次洪水精度评价表

洪号	洪峰流量				峰现时间			洪量				DC
	计算值/(m³/s)	实测值/(m³/s)	绝对误差/(m³/s)	相对误差	计算值	实测值	峰现时差/h	计算值/(10⁶m³)	实测值/(10⁶m³)	绝对误差/(10⁶m³)	相对误差	
20150722	6011	6700	-689	-10%	8/4 19:00	8/4 16:00	3	5319	5976	-657	-11%	0.89
20160811	4931	6000	-1068	-18%	8/19 1:00	8/18 23:00	-3	6115	5936	-179	3%	0.92
20170710	5337	6000	-662	-11%	7/13 16:00	7/13 14:00	2	6074	7255	-1181	-16%	0.77
20180624	4230	4000	230	6%	6/26 2:00	6/26 4:00	-2	2722	3324	-602	18%	0.53
20180814	6223	7800	-1577	-20%	8/19 8:00	8/18 22:00	10	2938	3543	-605	-17%	0.78
20180915	6068	5580	488	9%	9/20 0:00	9/20 5:00	-5	2886	3070	-185	-6%	0.81
20190524	5967	5420	547	10%	5/29 14:00	5/29 14:00	0	3707	3225	483	15%	0.78
20190714	4772	5800	-1028	-18%	7/16 19:00	7/16 16:00	3	2248	2875	-627	-22%	0.32
20190801	8747	7700	1047	14%	8/5 18:00	8/5 19:00	-1	4137	4289	-151	-4%	0.93
20190828	7037	6200	837	14%	9/2 15:00	9/2 18:00	-3	2613	2845	-231	-8%	0.86
20190910	4540	4230	310	7%	9/12 0:00	9/12 0:00	0	1584	1741	-157	-9%	0.81
20201013	5876	5700	176	3%	10/17 10:00	10/17 8:00	2	2349	2688	-339	-13%	0.90
合计	合格场次 12 场，合格率 100%				合格场次 10 场，合格率 83%			合格场次 11 场，合格率 92%				均值：0.78

　　本节研究采用老口航运枢纽建成后 2015～2020 年的水文资料,将率定期及验证期共 12 场洪水统一进行评价。洪峰流量合格 12 场,合格率 100%,达到甲级标准;峰现时差合格 10 场,合格率 83%,达乙级标准;洪量合格场次 11 场,合格率 92%,达到甲级标准。综合洪峰流量、洪量、峰现时差后合格率为 75%,平均确定性系数为 0.78,因此该预报方案达到乙级标准,洪水场次预报精度结果统计见表 9-6。

9.5　本章小结

　　本章在分布式新安江岩溶水文模型的基础上,考虑岩溶流域下垫面条件空间异质性,针对不同土地利用类型及岩溶地貌发育程度提出改进的蒸散发、产流及水源划分计算方法,并将改进后的分布式新安江岩溶水文模型应用于广西壮族自治区刁江上游流域及郁江流域。

　　(1) 基于改进后的分布式新安江岩溶水文模型为刁江上游流域控制断面河口水文站构建逐小时径流过程模拟方案。采用 GLUE 方法识别模型敏感参数,并定量评估模拟结果不确定性。GLUE 方法结果表明产流模块的坡地栅格自由水水库蓄水容量 SM、水源划分模块中的坡地栅格壤中流出流系数 KI、坡地汇流模块中的坡地栅格地表径流消退系数 CS 与河道汇流模块中的河道栅格流量权重系数 X_{mc} 属于敏感参数;验证期模拟结果的 95PPU 可覆盖 75% 的逐小时流量实测值,但因子 R 为 1.33,这表明模拟结果仍有一定的不确定性。采用 SCE-UA 优化算法确定模型参数,改进后的分布式新安江岩溶水文模型能够较好地模拟河口水文站逐小时径流过程,验证期平均确定性系数与径流深误差分别为 0.84 与 0.28%。在无须二次率定的情况下,模型同样能够较好地模拟流域内部栅格的径流过程,内部嵌套断面九圩水文站的验证期逐小时径流过程模拟结果确定性系数与径流深误差分别为 0.81 与 9.63%。改进后的分布式新安江岩溶水文站模型在场次洪水过程模拟中也取得了较高精度,大、中、小洪水的平均洪峰流量误差分别为 36.3%、22.8% 和 13.7%,平均峰现时差分别为 0.8h、3.5h 和 3h。

　　(2) 基于分布式新安江岩溶水文模型编制了郁江流域逐小时径流预报方案,以老口航运枢纽作为郁江流域关键控制断面,采用 2015～2020 年的水文资料确定及验证模型参数。率定期老口航运枢纽逐小时入库径流过程模拟结果的 NSE 与 RRE 分别为 0.84 与–3.37%,验证期各年份总体平均的 NSE 与 RRE 分别为 0.85 与–1.83%。从 2015～2020 年连续小时老口航运枢纽入库径流模拟结果中摘录出 12 场洪峰流量大于 4000m^3/s 的洪水评价预报方案合格率,预报方案中洪峰流量合格率为 100%,峰现时间合格率为 83%,洪量合格率为 92%;综合洪峰流量、洪量、峰现时差后合格率为 75%,平均确定性系数为 0.78,达到乙级精度的标准,这表明分布式新安江岩溶水文模型能够较好地模拟下垫面条件空间异质性较为显著的郁江流域降雨径流过程，该模型可为郁江流域防洪减灾、提升水能资源利用效率提供技术支撑。

参 考 文 献

[1]　石朋，侯爱冰，马欣欣，等. 西南喀斯特流域水循环研究进展[J]. 水利水电科技进展，2012，32（1）：69-73.

[2]　Jeannin P Y，Artigue G，Butscher C，et al. Karst modelling challenge 1：Results of hydrological modelling[J]. Journal of Hydrology，2021，600：126508.

[3]　Hartmann A，Goldscheider N，Wagener T，et al. Karst water resources in a changing world：Review of hydrological modeling approaches[J]. Reviews of Geophysics，2014，52（3）：218-242.

[4]　Bittner D，Rychlik A，Klöffel T，et al. A GIS-based model for simulating the hydrological effects of land use changes on karst systems：The integration of the LuKARS model into FREEWAT[J]. Environmental Modelling & Software，2020，127：104682.

[5]　Bittner D，Parente M T，Mattis S，et al. Identifying relevant hydrological and catchment properties in active subspaces：An inference study of a lumped karst aquifer model[J]. Advances in Water Resources，2020，135：103472.

[6]　章程，谢运球，吕勇，等. 不同土地利用方式对岩溶作用的影响：以广西弄拉峰丛洼地岩溶系统为例[J]. 地理学报，2006，61（11）：1181-1188.

[7]　Bittner D，Narany T S，Kohl B，et al. Modeling the hydrological impact of land use change in a dolomite-dominated karst system[J]. Journal of Hydrology，2018，567：267-279.

[8]　邓艳，曹建华，蒋忠诚，等. 西南岩溶石漠化综合治理水-土-植被关键技术进展与建议[J]. 中国岩溶，2016，35（5）：476-485.

[9]　王腊春，史运良. 西南喀斯特山区三水转化与水资源过程及合理利用[J]. 地理科学，2006，26（2）：173-178.

[10]　Zhang Z C，Chen X，Ghadouani A，et al. Modelling hydrological processes influenced by soil，rock and vegetation in a small karst basin of southwest China[J]. Hydrological Processes，2011，25（15）：2456-2470.

[11]　Storck P，Bowling L，Wetherbee P，et al. Application of a GIS-based distributed hydrology model for prediction of forest harvest effects on peak stream flow in the Pacific Northwest[J]. Hydrological Processes，1998，12（6）：889-904.

[12]　Doummar J，Sauter M，Geyer T. Simulation of flow processes in a large scale karst system with an integrated catchment model（Mike She）：Identification of relevant parameters influencing spring discharge[J]. Journal of Hydrology，2012，426：112-123.

[13]　Refsgaard J C. Parameterisation，calibration and validation of distributed hydrological models[J]. Journal of Hydrology，1997，198（1-4）：69-97.

[14]　Li J，Hong A H，Yuan D X，et al. Elaborate simulations and forecasting of the effects of urbanization on karst flood events using the improved Karst-Liuxihe model[J]. Catena，2021，197：104990.

[15]　Yang W Z，Chen L H，Deng F F，et al. Application of an improved distributed Xinanjiang hydrological model for flood prediction in a karst catchment in south-western China[J]. Journal of Flood Risk Management，2020，13（4）：e12649.

[16]　梁虹，杨明德. 喀斯特流域水文地貌系统及其识别方法初探[J]. 中国岩溶，1994，13（1）：9.

[17]　Fleury P，Plagnes V，Bakalowicz M. Modelling of the functioning of karst aquifers with a reservoir model：

Application to Fontaine de Vaucluse（south of France）[J]. Journal of Hydrology，2007，345（1-2）：38-49.

[18]　Yang W Z，Chen L H，Chen X，et al. Sub-daily precipitation-streamflow modelling of the karst-dominated basin using an improved grid-based distributed Xinanjiang hydrological model[J]. Journal of Hydrology：Regional Studies，2022，42：101125.

[19]　Abbaspour K C，Rouholahnejad E，Vaghefi S，et al. A continental-scale hydrology and water quality model for Europe：Calibration and uncertainty of a high-resolution large-scale SWAT model[J]. Journal of Hydrology，2015，524：733-752.

[20]　Setegn S G，Srinivasan R，Melesse A M，et al. SWAT model application and prediction uncertainty analysis in the Lake Tana Basin，Ethiopia[J]. Hydrological Processes，2009，24（3）：357-367.

[21]　Sellami H，La Jeunesse I，Benabdallah S，et al. Parameter and rating curve uncertainty propagation analysis of the SWAT model for two small Mediterranean catchments[J]. Hydrological Sciences Journal，2013，58（8）：1635-1657.

[22]　陈喜，张志才，容丽，等. 西南喀斯特地区水循环过程及其水文生态效应[M]. 北京：科学出版社，2014.

[23]　张珂，周佳奇，张企诺，等. 栅格岩溶分布式水文模型[J]. 水资源保护，2022，38（1）：43-51.

[24]　李荫福. 郁江综合利用规划简介[J]. 人民珠江，1990，（4）：8.

[25]　韦跃龙，李成展，陈伟海，等. 广西岩溶景观特征及其形成演化分析[J]. 广西科学，2018，25（5）：465-504.